藝術麵包
極致技法集

老字號麵包店「神戶屋」經典&創意麵團不私藏

La technique du pain décoratif

瑞昇文化

〔新版〕

裝飾藝術麵包技術

日本老字號麵包店麵團密技大公開

每天烘焙出爐的麵包不僅能溫飽肚子，

還能為心靈帶來滋潤

當中最具象徵性的種類，

就屬裝飾藝術麵包了

希望看到麵包的人們，感受到溫暖和笑容

期待日本的專業烘焙師們

都能夠實現這樣的自我挑戰

對此，本書區分成幾個篇章

分別是第一階段的基礎、

第二階段的應用，以及第三階段

內容會提及迎向世界「挑戰」的要素，相當豐富充實

即便技術功力相當，只要出自不同烘焙師之手

裝飾藝術麵包就會呈現出截然不同的風貌

你的裝飾藝術麵包，

同樣能營造出屬於獨一無二的感動

就讓我們一步步慢慢開始吧

CONTENTS

神戶屋的
裝飾藝術麵包精髓

神戶屋 技術顧問
古川 明理

裝飾藝術麵包從何而來？

原本應該是為了食用而製作的麵包麵團，究竟從西元前哪一年開始結合藝術元素來做呈現？其實我們很難去探究具體的年代及時間點。

會這麼說，是因為今天呈現在各位眼前的裝飾藝術麵包，絕對是人類與麵包間經過漫長時光所積累的結果。

再者，無論是哪個領域，創作行為與藝術思維本是密不可分。其中當然更蘊藏著裝飾藝術麵包的源頭，相信這亦是裝飾藝術麵包持續進化至今日的原動力。

一般認為，麵包是從美索不達米亞傳至歐洲。過程中人們學會將小麥粥的小麥改磨成粉，攤平加熱，接著又從經驗中偶然察覺到所謂的發酵，逐步掌握到如何製作出形體膨起的麵包。這演變過程裡，人們在旺盛好奇心的驅使下，開始懂得追求更好、更美味的食物，此心境變化亦是以往只為求溫飽的時代所無法想像。或許，裝飾藝術麵包就是在這樣更富裕的條件環境下自然孕育而生。

舉例來說，假設有天忘了在麵包麵團裡加入酵母。人們會發現沒發酵的麵團很好加工，在手中把玩的同時，興起試著做成麥類、葡萄等各種形狀的念頭，並將這些麵團一起烘烤……就會發現成果令人驚喜，接著開始出現其他人效仿……以上內容雖然純屬猜測，但也不無可能。

希臘的小麥麵包
（Panis Quadratus／八等分）

羅馬時代的麵包

5世紀的麵包

10世紀的象形麵包

16世紀的麵包

18世紀的小麥麵包

形狀樣貌帶有意涵的麵包

從歷史角度看，隨著時代的變遷，麵包也跟著擁有各種形狀樣貌。有些可能是與人們的日常生活、各地宗教儀式結合發展而來。就好比辮子麵包。據說辮子麵包代表著女性的頭髮，在儀式中被作為獻祭品，使女性們免於陪葬。

然而，現代的裝飾藝術麵包通常已不帶有這樣的意涵。享用美味、與大夥兒一起愉快品嚐，在這樣的安穩生活中，於麵包加點裝飾的「Pain décorer（法文，意指帶有裝飾的麵包）」孕育而生，隨著各

攝於歐洲展示會（1984年）

種麵包製作技術的演化及發展，進而發展出結合了造型元素的「Pain artistique（帶有藝術性的麵包）」。

〈裝飾藝術麵包的變化〉		〈麵團種類〉
讓麵包具備意涵（帶有宗教意義等） 讓麵包的形狀帶有意義（例如辮子麵包） ↓	………	直接使用麵包麵團
在麵包放上裝飾 Part mort＝沒有生命的麵團 ↓	………	使用未加入酵母的麵團（可以做出尖銳形狀）（存放時間變長）
在麵包描繪紋樣或圖案 描繪在片狀物上 ↓		
從雕刻型態（立體模樣）結合競技元素 朝裝飾藝術麵包發展	………	經烘烤後就會變硬的麵團技術問世（糖漿麵團、含鹽麵團、擠花麵糊等）

象形麵包的大型展示品（攝於歐洲研修 1984 年）

歐洲的麵包店與裝飾藝術麵包

時至今日，日本百貨公司和大型購物中心的展示櫥窗水準絲毫不比歐美國家遜色。各位試著想像，當這些櫥窗空無一物會是怎樣的情況。無論是走在街上，還是專程外出購物，想必都會令人感到似乎有些乏味，整個城市看起來沒有活力，少了夢想，更缺乏滋潤吧。如果這些商店的櫥窗能被華麗、技術精湛且豐富情感所填滿，我們的內心一定也會相當充實吧。當然還不僅如此，相信人們更會萌生夢想，「期待總有一天能來買下陳列在櫥窗裡頭的物品」，並感到幸福。

以有著悠久麵包飲食文化歷史的歐洲來說，這些情景可見於

以象徵豐收的「豐饒之角」為概念的展示品（攝於歐洲研修 1984 年）

攝於德國「STAR Bäckerei」（1984年）

Backerei（德國的麵包店）或Boulangerie（法國的麵包店）。在德國，銷售區後方的牆壁會裝設傾斜層櫃，當中擺放著各種形狀及不同樣式的食用麵包。會這麼設計是希望顧客能先有視覺上的享受，讓購物過程愉快。層櫃上的商品雖然不是裝飾藝術麵包，但絕對有著相當於裝飾藝術麵包的精髓原點。整個銷售區甚至充滿了裝飾藝術麵包的感性。

雖然不是麵包，但當我看著巴黎知名FAUCHON（馥頌）的鹹食展示櫃時，同樣能感受到集結悠久歷史，發展成熟的飲食文化。由此當然也可推敲出，裝飾藝術麵包的底蘊同樣包含了這樣的元素。

將目光從德國轉到法國，會發現麵包店的樣貌差異甚大。雖然法國的店家也相當致力於商品陳列，同樣希望麵包看起來更美味，讓顧客擁有更愉快的購物體驗，但不難發現，法國著重的不只有麵包，許多店家更在意包含其他用品、家具擺設的整體呈現。

攝於法國「Flute Gana」（1990年）

還有，法國知名的老字號麵包店普瓦蘭（Poilâne）的店頭擺設也非常厲害。2012年春天我去時不知道為何沒有看見擺設，但1980年代造訪時，就曾見過木架上陳列了好幾個大型鄉村麵包，而這些鄉村麵包上又擺放著各式各樣造型麵包，讓我忍不住思索，這不正是過去美好時代的「Pain décorer」（帶有裝飾的麵包）嗎？如果陳列在生日或派對上絕對會成大家目光的焦點。

麵包職人與裝飾藝術麵包

攝於普瓦蘭（Poilâne）店門前（1984年）

在法國有一個名叫MOF的稱號（Meilleurs Ouvriers de France，意指法國最佳工藝師），法國政府會針對各個不同領域選出擁有最頂尖技術和才能的職人，賦予此極具權威的稱號，並由法國總統親自頒發獎章，因此對於能獲得此稱號之人而言，絕對是至高榮譽。獲頒MOF稱號的職人當然也會受到一般民眾的高度評價和信任，對於店家或獲獎人本身而言，都是未來發展的後盾。

這也是為什麼許多法國麵包職人（Boulanger）會將其視為目標之一，並勇敢挑戰評選活動。然而，此稱號的選拔賽相當嚴格，截至2011年第24屆活動為止，僅評選出總數75位的MOF。

值得一提的是，在麵包領域的資格試驗中，包含了「Pain

décorer」（帶有裝飾的麵包）項目。MOF的「（法國麵包職人）工作指標」規定提到，「（前略）須具備藝術才能，結合裝飾技術，為製作的麵包賦予附加價值。（中略）透過嶄新技術、創造力，將傳統的麵包製作延續傳遞給下一代」，無論是初階選拔還是最終選拔，除了評比一般麵包製品外，也會將「兼具傳統的藝術作品（piece）」作為評判科目。（以上關於MOF的資料由日仏商事株式會社提供）

不僅如此，德國的師傅級（Meister）認證同樣也有裝飾藝術麵包項目。

這其實展現出麵包就跟其他各種物品一樣，從過去只要塑形烘烤即可的時代，幾經歷史累積，發展成兼具文化意涵的樣貌。這些專業職人們同時扮演著如何讓此文化延續的角色，而上述這些評測都能促使職人們激發出更多想法。

此外，正如大家所見，近期在世界各地舉行的食品展覽會中，也經常舉辦麵包大賽。無論是在法國、德國、義大利還是美國，即便在不同國家舉辦比賽，裝飾藝術麵包絕對是比賽項目之一。從中不難看出，裝飾藝術麵包具備的意義獲得高度重視。

日常生活與裝飾麵包

我第一次造訪國外麵包店是去歐洲的時候。從商品的陳列、店內擺設就能感受到店家會站在客人的角度，講究服務精神，思考如何讓客人擁有「更愉快、舒適」的購買體驗，同時還能感受到麵包師傅具備的功力，這整體氛圍就相當於麵包品質的保證。即便店家沒有裝飾藝術麵包，但整間店的呈現彷彿裝飾藝術麵包般充滿感性，這類店家亦深受在地居民的支持，因此會散發出一股被愛的溫度與活力。

裝飾藝術麵包其實也會出現在生活中。在歐洲偶爾可見名為「Surprise」的驚喜三明治，就是一種裝飾藝術麵包。所謂「Surprise」，是指把烤過的大尺寸鄉村麵包裡頭挖空，接著把挖出的麵包體（crumb）夾入生火腿及起司，做成簡單的三明治，再放回鄉村麵包裡，蓋上蓋子，做成商品送到客人手中。會取名「Surprise（法語也是驚嚇的意思）」，想必也是因為希望人們打開蓋子時嚇一跳吧。

猶如花朵盛開般的驚喜三明治上蓋
（裝飾藝術麵包）

我與驚喜三明治的相遇，是在前往一間位於南法的麵包店研修的時候。每到週末，這家店都會收到驚喜三明治的訂單，當時我與其他成員們一起製作的，就是照片中的裝飾藝術麵包。放入三明治後，我們並沒有使用原本的蓋子，而是改做成裝飾藝術麵包。法國麵包店的貼心至今都還令我深受感動。這用心之處在一些派對或小型集會上，絕對都能達到加分效果。

在歐洲，結合裝飾元素的鄉村麵包和驚喜三明治被視為日常生活中非常重要的一部分，傳承延續至今。

日本的裝飾藝術麵包發展

那麼，日本民眾又是什麼時候開始較熟悉「裝飾藝術麵包」呢？

日本在麵包之路上都是追隨歐美的腳步，所以不難想像，最初應該是訪日的麵包師傅在教授日本人法棍麵包和鄉村麵包作法的同時，順便介紹了裝飾藝術麵包。另外還有一個可能性，那就是出國旅行的人愈來愈多，到了海外看見裝飾藝術麵包，心想「竟然有這樣的東西，也太厲害了吧」，深受感動的情況下，不斷嘗試挑戰在日本重現出相同的商品，進而廣傳開來。

神戶屋餐廳（KOBEYA RESTAURANT）1980年代進軍日本關東地區的同時，便決定打造個帶有德式風格的銷售空間。經營者認為，充滿震撼力的陳列方式與吐司專賣店的概念不謀而合。店員銷售時，展示櫃後方的架子上排列著精心製作且尺寸稍大的吐司，吐司上方則有籐籃，裡頭放滿了裝飾麵包麵團做成的迷你麵包及麥穗。在神戶屋餐廳還不知道正宗的法式Pain décorer（帶有裝飾的麵包）之前，就是以這樣的配置裝飾一間間新開的店鋪。

當時民眾對於裝飾藝術麵包還很陌生，所以常聽聞客人表示，「怎麼會把麵包放在那裡？」、「那個麵包也是銷售的商品嗎？」甚至還有客人希望能拍照。即便架上的商品賣光了，只要看見這些裝飾麵包，似乎就能讓店裡繼續保有麵包店該有的溫度氛圍。

日本人開始吃麵包，最早可以追溯至江川太郎左衛門首次在日本烘

1980年代神戶屋餐廳的陳列擺設

烤麵包，後來歷經相當長的時間，直到進入明治時代才算更常見。然而，麵包真正登上日本人的餐桌，則要等到二次大戰之後了。其後，麵包在日本開始邁入爆發性成長，急速普及開來。時至今日，我們已經能從世界各地取得品質優良的麵包。然而，若從飲食文化的角度探討麵包，的確還有許多需要學習的地方。只要晚餐食用麵包的比例增加，相信也會跟著帶來改變。

現代的擺飾陳設。

　　裝飾藝術麵包仍處於發展階段。1994年，日本首次參加在法國舉行的世界盃麵包大賽，奪下裝飾藝術麵包項目的冠軍後，才開始稍微受到關注，但仔細想想，這發展期間至今也不過30年。

　　日本的飲食模式也從過去的追求吃飽，邁入講究吃巧的時代。隨著海外生活經驗者的增加、歐洲麵包業者開始插旗日本，麵包發展接收到許多刺激，進而朝更高水準的境界發展。

　　在這過程中，裝飾藝術麵包的需求逐漸凸顯其存在價值。為了滿足消費者多樣化的需求，如何做出差異化已是經營裝飾藝術麵包生意上不可獲缺的關鍵。

　　裝飾藝術麵包是供人觀看（欣賞）之物，但可不包含製作裝飾藝術麵包這門學問。製作麵包的師傅和店鋪負責銷售的人員無不絞盡腦汁思索，即便是一些些的效果也好，總希望讓買麵包的客人心情更愉悅，讓等候的客人不要等得不耐煩。這些麵包肯定蘊含著麵包店對於購買顧客的感激之情。「將真正的美味傳遞給下一代」，由日本建構起的裝飾藝術麵包本質，就是在這樣的精神中培育而成。

1994年，日本團隊於法國大賽中獲得裝飾藝術麵包項目冠軍。

製作裝飾藝術麵包準備工作

工具

這裡除了會介紹平常製作麵包需要的設備（攪拌機、壓麵機、烤箱等），還會特別針對「裝飾藝術麵包」，列舉出神戶屋職人們使用的工具，以及書中食譜有使用到的器材。

製作目的的不同以及每個人的使用習慣差異，其實選用的工具會不一樣，各位都能自由選擇搭配。書中還會在每個作品的介紹頁面說明麵團模型紙。

分切麵團

【切】

●水果刀、小刀、筆刀
用於裁切小東西或想讓切面呈現更漂亮的時候。

●麵包刀
用來切烤出爐變硬的麵團（也可以改用吐司刀）。

●剪刀
刀尖翹起的剪刀適合用在製作細緻作品的時候。

●尺類
建議選用金屬材質，能用來處理剛出爐還會燙的麵包。

●滾輪刀（手工製作）
想要等距切取大量麵團時非常方便。想要切出比五輪滾刀更俐落的效果時非常適合使用。

●負重物

●烘焙用軟尺

【壓模】

●圓形壓模、環狀模
準備多個大小不同的壓模以利製作。有時也能作為進烤箱烘烤時的底座。

●各種形狀的壓模
依需求搭配使用。

●水滴型壓模（大小尺寸）
可以用來製作同心圓的花朵。

●文字、數字壓模
壓模前，可以先將模具排列在麵團上，會更好掌握成品的模樣。

●各種形狀的壓模

●模型紙
建議選用剪刀就能輕鬆裁剪，且耐熱的紙類或壓克力片。

處理麵團

●擀麵棍（大小尺寸）與竹籤
用來調整麵團厚度或接合麵團。

●披薩滾針
可以在麵團壓出排氣孔，預防麵團受熱膨起或變形。

●烘焙花樣造型鑷子
按壓、捏夾麵團做出造型。有多種形狀及尺寸。

●多功能尖嘴鉗
用來夾小尺寸物品或燙手物品。串珠手工藝鉗。

●毛刷、畫筆
用來塗抹蛋液、水、油。準備多種尺寸更方便使用。

●擠花袋（拋棄式）
用來擠麵糊、糖霜。

●塑膠袋（大小尺寸）、塑膠墊
用來暫時保存麵團、避免麵團乾掉。

●噴霧器
裝水隨時備用。可以防止乾燥、增加色澤、讓粉類更服貼。

烘 烤

●烘焙紙
預防麵團黏在烤盤。用於烤盤沒抹油時。

●打洞烤盤（手工製作）
以打洞的鋁片加工製成。用於要呈現出彎曲效果時。

●打洞烤盤
打洞的鋁片材質。可以避免烤箱底面與麵團沾黏，亦可用來呈現出彎曲效果。

●脫模油
塗抹在烘烤前的模型、烤盤。能讓麵團出爐後順利脫模。

●鋁箔紙
可用來呈現立體感或調整烤色。

●鋁棒
用來製作中空的竹子。

最後加工、黏著

●蛋（散蛋液）
可以在烘烤前用來黏合麵團，增加成品出爐後的亮度或色澤。

●異麥芽酮糖醇
（愛素糖，三井製糖）
用銅鍋等鍋具加熱融化使用。流動性高，黏著表現佳。但加熱後溫度高，要小心燙傷。

●黏著劑
（木工白膠、熱熔膠等）
速乾表現佳，使用上相當方便。

●冷卻噴劑
能加速黏著劑變乾。

●雕刻刀
挖鑿溝槽，或用來整平貼合面。

●鋸子
修整各部位的形狀，亦可用來鋸齊長度。

●噴筆

製作麵團

「糖漿麵團」與「裝飾用糖漿麵團」

　　裝飾藝術麵包的麵團可以分成含麵包酵母及不含麵包酵母兩種配方。

　　如果是將食用麵包加以變化製成的傳統裝飾藝術麵包，那麼使用的會是含麵包酵母的發酵麵團。然而，要拿來比賽的作品必須更立體，呈現必須更複雜，使得麵包本身要能夠久放、強度表現更佳，還要能夠承受著各種細節加工，隨著各種不同的目的，人們也開始調配各種麵團配方。

　　本書介紹的多項作品都是使用沒有添加酵母的「糖漿麵團」。另外，近幾年也可見以此麵團加以改良的「裝飾用（decor）糖漿麵團」（以下稱作D糖漿麵團）。

　　基本配方大致相同，差異只有以下兩項。

1）裝飾用糖漿麵團使用了「水飴」。
2）裝飾用糖漿麵團是單以「裸麥粉」揉捏製成。

●關於「裝飾用糖漿麵團」

　　隨著比賽作品的持續進化，這款麵團也隨之誕生。

　　具體來說，　①過去的作品只需做3面（正面、右側、左側），但最近背面的美觀表現也列入計分範圍。
　　　　　　　　②對於高度的要求也是趨向大型化，從底部算起的高度可達160cm。
　　　　　　　　③曲線及銳利、尖銳的技術呈現可以獲得高分。

　　雖然不敢拍胸脯保證，但以我們自己的經驗來說，使用「裝飾用糖漿麵團」的確可以在上述三點帶來相當的加分效果。因為此配方不僅固化速度快，強度也隨之增加。其實不只比賽，各位將作品裝飾在店裡時，一定也能感受到裝飾用糖漿麵團的這些特性，因為不僅能改善變形狀況，也能拉長擺放天數。

前置作業

製作糖漿

〈糖漿〉

● 配方

精製白糖	100g
水	58g

●步驟〈共通〉

1 將材料放入料理盆，開火加熱讓材料完全融化，並使溫度精準達到104℃。

〈D糖漿〉

● 配方

精製白糖	300g
水飴	100g
水	200g

2 靜置放涼，降至室溫後即可使用。

製作
基本麵團

〈 特徵 〉

1 兩者都是裝飾藝術麵包的基礎麵團。製作步驟其實一樣，但近年糖漿麵團的使用率有稍微高一些。

2 糖漿麵團的質地較細，適合用來製作精緻度較高的作品。反觀，D糖漿麵團適合製作尺寸大，且造型尖銳的作品。

3 其實兩種配方的糖漿含量都很多，當麵包體積愈大，烘烤過程中就比較容易鬆弛，使尺寸起變化，但糖漿麵團的縮水率會相對較低。

4 這兩種麵團都容易乾掉，務必放入塑膠袋保存。

5 如果麵團烘烤變得鬆弛，只要放入冰箱就能立刻恢復緊實。

〈 糖漿麵團 〉

● 配方

高筋麵粉	50%
裸麥粉	50%
糖漿	78%

〈 D糖漿麵團 〉

● 配方

裸麥粉	100%
糖漿	78%

● **步驟**
＊照片為裝飾用糖漿及裸麥粉

1 將粉類、糖漿（所有材料）放入攪拌缸。

2 低速攪打5分鐘左右。看實際情況可再低速追加攪打2～3分鐘。

3 看不見粉料就能停止。即便沒有成團也沒關係，確認這時的麵團溫度介於25～30℃，相當於耳垂的軟硬度。

4 將麵團置於作業桌，整型成一球。放入塑膠袋，置於冰箱冷藏存放。

> **注意** 麵團要放在作業桌充分揉捏，直到表面滑順。存放時，可以分塊後，搓成圓形、方形，或是過擀麵機（也可以用擀麵棍）後三折。過擀麵機可以擠壓掉大氣孔，適合用來製作精緻講究細節的作品。

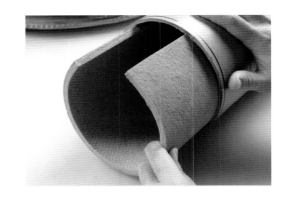

含鹽麵團
〈糖漿麵團應用〉

〈特徵〉

1 雖然此配方基本上跟糖漿麵團相同,但因為加了鹽,所以又稱「鹽麵團」。

2 成品特徵在於烘烤出爐時能大幅度彎出弧度。也因為「出爐後能彎折」的特性,此配方麵團極具多樣性。

3 烘烤後會膨脹,因此不適合製作細緻作品。

4 即便是有弧度的作品,只要放涼後就會定型,因此也能作為大型底座應用。

5 質地有些粗糙,因此可以呈現出不精緻、粗野的感覺。

6 含鹽麵團後續會簡稱為「鹽麵團」。

● 配方

高筋麵粉	48%
裸麥粉	52%
糖漿	76%
鹽	13%
精製白糖	10%
油脂	8%

● 步驟

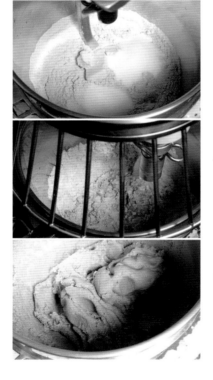

1 將粉類、鹽、砂糖、油脂、糖漿倒入攪拌缸。

2 低速攪打5分鐘左右。看實際情況可再低速追加攪打2～3分鐘。

3 看不見粉料後就能停止。即便沒有成團也沒關係,確認這時的麵團溫度介於25～30℃,相當於耳垂的軟硬度。

4 將麵團置於作業桌,用手整型成團。

米粉麵團
〈糖漿麵團應用〉

〈 特徵 〉

1 以糖漿麵團為基底的應用配方。

2 用米粉取代裸麥粉，讓麵團更白。

3 由於是白色麵團，除了更容易呈現出美感外，也可以輕鬆上色，變化也更多樣。

4 此麵團不好展延，塑形、加工難度高。另外，一經烘烤麵團的彈性就會展現出來，使成品縮水變形，屬於不易駕馭的配方麵團。

5 特徵在於容易變乾。

6 這款添加米粉的麵團後續會簡稱為「米粉麵團」。

● 配方

高筋麵粉		80%
米粉		20%
糖漿		80%

● 步驟

1 將粉類、糖漿倒入攪拌缸。

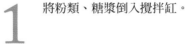

2 低速攪打5分鐘左右。看實際情況可再低速追加攪打2～3分鐘。

3 看不見粉料後就能停止。即便沒有成團也沒關係，確認這時的麵團溫度介於25～30℃，相當於耳垂的軟硬度。

4 將麵團置於作業桌，用手整型成團。

擠花麵糊

〈 糖漿麵團應用 〉

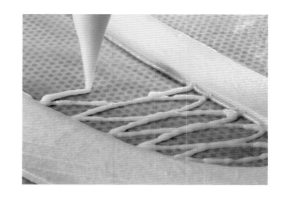

〈 特 徵 〉

1 以「米粉麵團」為基底，增加糖漿用量的麵團配方。

2 由於呈現麵糊狀，需放入擠花袋使用。

3 烘烤後的成品質地近似馬卡龍。

4 接觸油分後會融化，因此使用時記得搭配烘焙紙。

5 接觸面積較少時不易順利黏合，建議接合面彼此都要塗抹麵糊有助黏合。

● 配 方

高筋麵粉	80%
米粉	20%
糖漿	120%

● 步 驟

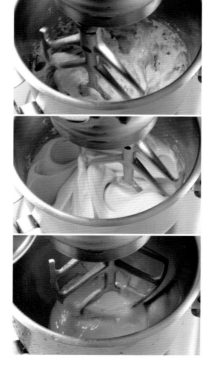

1 將粉類、糖漿倒入攪拌缸。

2 低速攪打4分鐘左右。

3 變滑順後即可停止。麵團溫度介於25～30℃。

發酵麵團

〈 特徵 〉

1 裝飾藝術麵包用的發酵麵團（很像鄉村麵包的麵團）。主流作法雖然沒有使用油脂，但本書配方有添加油類。

2 揉捏完成後，未使用前要置於冷藏存放。因為如果持續發酵，就會變得不好處理應用。建議揉捏成塊後就放入袋中，或是過壓麵機後三折。

3 想要壓成薄片應用時，可將冰涼狀態的麵團直接過壓麵機，並迅速完成後續步驟，直到進爐烘烤。不過，如果要呈現出厚感，則建議讓麵團發酵完成後再烘烤。

4 這款裝飾藝術麵包用的發酵麵團後續會簡稱為「發酵麵團」。

● 配方

高筋麵粉	40%
裸麥粉	60%
鹽	2%
油脂	2%
麵包酵母（生）	0.8%
水	56%

● 步驟

1 將粉類、鹽、油脂倒入攪拌缸，再加入用常溫水溶解的麵包酵母（生）。

2 低速攪打8分鐘，再以低中高速攪打3分鐘左右。

3 麵團的硬度要稍硬，溫度為25℃。

4 醒麵50分鐘、切割、靜置30分鐘、整型、最終發酵60分鐘、撒粉，放入230℃烤箱。選擇有蒸氣的一般烘烤行程。

一開始就製作上色麵團的方法
（一次備料，製作單色麵團）

〈例 1〉

糖漿麵團應用　深褐色　褐色　黃色

● 配方

高筋麵粉	50%
裸麥粉	50%
黑可可粉（可可粉）	8%
（若是用南瓜粉則為10%）	
糖漿	87%

〈例 2〉

含鹽麵團應用　褐色

● 配方

高筋麵粉	48%
裸麥粉	52%
可可粉	8%
糖漿	84%
鹽	13%
精製白糖	10%
油脂	8%

〈例 3〉

米粉麵團應用　褐色　黃色

● 配方

高筋麵粉	75%
米粉	25%
可可粉（南瓜粉）	25%
糖漿	100%

〈例 4〉

擠花麵糊應用　褐色　黃色

● 配方

高筋麵粉	75%
米粉	25%
可可粉（南瓜粉）	25%
糖漿	150%

● 步驟

1

將粉類（含有顏色的粉類）及糖漿倒入攪拌缸。

2

低速攪打約5分鐘。看實際情況可再低速追加攪打2～3分鐘。

3

看不見粉料後就能停止。即便沒有成團也沒關係，確認這時的麵團溫度介於25～30℃，相當於耳垂的軟硬度。

4

將麵團置於作業桌，用手整型成團。擠花用麵團的應用可參照P.16的步驟。

麵團上色

方法2

完成麵團後再上色的方法

（一次備料，製作2種顏色以上的麵團）

〈例1〉

糖漿麵團應用　　**粉紅色**

● 配方

麵團
┌ 高筋麵粉 ……………………… 50%
│ 裸麥粉 ………………………… 50%
└ 糖漿 …………………………… 80%

追加
┌ 覆盆子粉 ………… 上述麵團配方的10%
└ 追加糖漿 ……………………… 適量

〈例2〉

含鹽麵團應用　　**粉紅色**

● 配方

麵團
┌ 高筋麵粉 ……………………… 48%
│ 裸麥粉 ………………………… 52%
│ 糖漿 …………………………… 76%
│ 鹽 ……………………………… 13%
│ 精製白糖 ……………………… 10%
└ 油脂 …………………………… 8%

追加
┌ 覆盆子粉 ………… 上述麵團配方的10%
└ 追加糖漿 ……………………… 適量

〈例3〉

米粉麵團應用　　**粉紅色**

● 配方

麵團
┌ 高筋麵粉 ……………………… 80%
│ 米粉 …………………………… 20%
└ 糖漿 …………………………… 80%

追加
┌ 覆盆子粉 ………… 上述麵團配方的10%
└ 追加糖漿 ……………………… 適量

＊若要改成其他顏色，色粉也是以相同比例添加。

● **步驟**　　＊照片中使用了米粉麵團

1

備妥麵團與覆盆子粉。

2

以低速攪拌5分鐘，同時加入糖漿。

3

整體顏色均勻後取出，用手整型成團。

4
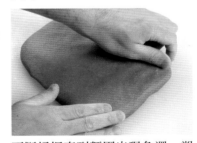
不斷揉捏直到麵團出現色澤，塑形成塊。

色粉挑選範例

★深褐色…黑可可粉

★黑色…黑可可粉、竹炭粉、墨魚汁

★褐色…可可粉、即溶咖啡粉

★黃色…南瓜粉、薑黃粉

★綠色…抹茶粉

★粉紅色…覆盆子粉

★淡粉色…草莓粉

★紅色…紅椒粉、食用紅色素

一開始就製作
上色D糖漿麵團的方法

以下會介紹裝飾用糖漿麵團的上色配方。
作法請參照 P.18「麵團上色 方法1」。
另外，也可以參考 P.19「麵團上色 方法2」，為已經完成的麵團上色。

〈例1〉 **D糖漿麵團**應用 **白色**

●配方

裸麥粉	100%
二氧化鈦	8%
D糖漿	84%

★二氧化鈦能輕鬆讓麵團變白。與裸麥粉混合使用。如果加入P.15的米粉麵團中（用量要調整），就能做出更白的麵團。不過，目前法國的比賽禁止使用二氧化鈦。

〈例2〉 **D糖漿麵團**應用 **黑色**

●配方

裸麥粉	100%
黑可可粉	4%
D糖漿	81%

★用竹炭粉、墨魚汁替代黑可可粉時，請自行挑整用量。無論使用哪種材料，一律建議先與裸麥粉混合後再下攪拌缸。

〈例3〉 **D糖漿麵團**應用 **褐色**

●配方

裸麥粉	100%
即溶咖啡粉	3%
D糖漿	80%

★添加些許上述的黑可可粉，就能製作出「深褐色」的麵團。即溶咖啡粉要先與溶於糖漿後再使用。

〈例4〉 **D糖漿麵團**應用 **黃色**

●配方

裸麥粉	100%
薑黃粉	8%
食用色素（黃）	0.2%
D糖漿	86%

★先將色粉與裸麥粉混合後再使用。以上材料如果再混合番紅花粉，就能呈現出更自然柔和的顏色。

〈例5〉 **D糖漿麵團**應用 **紅色**

●配方

裸麥粉	100%
紅椒粉	8%
食用色素（紅）	0.2%
D糖漿	86%

★先將色粉與裸麥粉混合後再使用。想要更深的紅色時，就要添加食用色素。

新麵團 番外篇

用水飴粉
製作花瓣麵糊

此配方麵糊帶黏性,能快速變硬。亦可製作成厚薄不一的成品,應用層面廣泛。但此麵糊不耐潮濕,要特別注意。

不添加D糖漿的花瓣用麵糊　紅色　黃色

● 配方

裸麥粉	10%
糖粉	8%
水飴粉	1.5%
慕斯預拌粉	2%
紅椒粉	3%
食用色素(紅)	0.15%
水	13%

★先以少量熱水融化慕斯預拌粉和色素。糖粉、水飴粉、紅椒粉先混合後,再與其他材料攪拌。

將紅椒粉換成薑黃粉,就能製作黃色麵糊。

● 應用範例

1

將模型紙裁剪成想要的形狀(厚度隨意)並置於烘烤紙,接著抹上麵糊。

2

拿起模型紙。

3

擺入有弧度的烤模,進爐烘烤。

4

烤好後,稍微切齊單側花瓣,插放組合成花朵。

〈總結〉本書裝飾藝術麵包所使用的技術重點

這裡依照書中作品的順序，彙整出製作時要注意的重點，提供各位參考。

前置準備

思考作品要如何呈現，決定形狀

- 依照需求製作模型紙或烤模。
- 確認器材，準備所需工具。
- 建議可以用瓦楞紙或黏土試做看看。
- 好加工的網類及金屬片都是適合作為模型的材質。

準備麵團

思考作品大小及配色，製作麵團

- 製作糖漿，放涼備用。
- 挑選粉類。
- 選定P.13～21的配方，製作麵團。

◆ 選粉

本書主要使用高筋麵粉、裸麥粉、米粉。製作大型作品或比賽作品時，請「忽略」不同品牌粉類所存在的差異。米粉配方的麵團很白，上色效果相對佳。熟悉作業後，可以思考每種粉的特性，嘗試各種不同的組合及比例搭配。

整型

將麵團擀壓成需要的厚度、分切整型

- 將冷藏或冷凍存放的麵團置於室溫放軟。
- 要壓模出文字或進行細節作業時，請將麵團放置冷凍，讓麵團變緊實。
- 麵團容易乾掉，作業過程中記得覆蓋或放入塑膠袋，避免乾燥。
- 麵團剩料收集累積後可繼續使用。亦可用壓麵機壓成片狀來應用。

烘烤

將塑形完成的麵團放到烤盤，烘烤變硬

- 目的需求不同，烘烤的設定溫度也會不同。如果只是希望麵團乾燥，不想烤出顏色的話，溫度設定50℃即可。如果想要烤熟，烤到變色的話，則建議設定180℃。敬請根據需求調整烤溫。
- 事先理解糖漿麵團會變硬，是因為砂糖降溫後會再次結晶的原理。
- 若想一次就烤熟較厚的麵團，很容易受熱膨脹，所以會建議烘烤過程中要反覆取出再放入的步驟。
- 較薄的麵團要充分搭配鋁箔紙，烤色才會更均勻。

蛋的用法

蛋可以用來接合、增豔、上色，非常多功用。用來上色或是希望色調更深時，建議反覆塗抹蛋液與烘烤的步驟，亦可嘗試增加蛋黃比例。

不塗抹蛋液直接進爐烘烤的話，成品表面會呈現乾燥粗糙狀，展現出完全不同的效果。

● 配方

全蛋 ⋯⋯⋯⋯⋯⋯ 60g
（精製白糖 ⋯⋯⋯ 2g）
（鹽 ⋯⋯⋯⋯⋯ 0.5g）
＊砂糖與鹽可以加強增豔效果。

烤箱用法

- 如果只是要讓麵團變乾，那麼建議可在下方放入倒蓋的烤盤，或是將麵團放在烤箱最靠近外側的位置，亦可開著烤箱門加熱。
- 旋風烤箱很適合用來烘烤裝飾藝術麵包。這類烤箱是透過熱風傳遞溫度，因此麵團能均勻受熱。但無法用來烘烤大尺寸物。

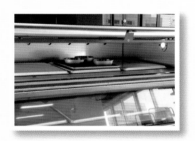

最後加工

將出爐的裝飾藝術麵包加以組裝、黏合，進行最後加工

- 要開始作業前，務必將麵包充分放涼。
- 組裝作業會成3階段進行。
  1 底座
  2 擺放在底座上，或是結構核心的部分
  3 部分位置的點綴及裝飾
- 分別完成各個組裝作業，放置一段時間，確認麵包已完全放量變硬後，再檢視整體協調性，並進入最後加工步驟。

結 尾 ⋯⋯

製作裝飾藝術麵包需要相當龐大的體力與時間。所以，如果把所有的時間都花費在製作上會很可惜。

建議開始接觸裝飾藝術麵包時，可以先從模仿小型作品開始。如果一直思考太過艱深的難題，反而會無法進步。等到比較熟悉後，就可以挑戰能讓觀賞者喜愛，或是可以獲得讚賞，被稱讚「這個很棒耶！」的作品。透過這樣的過程才有辦法得到前進的動力。

因此我會認為，如何學習培養製作物品的心態是很重要的。增加一些自然接觸裝飾藝術麵包的機會，多看一些繪畫、雕刻、照片也是不錯的方法。當然，記錄下旅行時的感受⋯⋯我相信過程中造訪的每個地方都能獲得靈感。

期待有更多的人能對已經發展出雛形的裝飾藝術麵包感到興趣，開始踏入學習製作，讓裝飾藝術麵包的世界有更大的發展。（古川明理）

Step I

今天就能開始製作的
裝飾藝術麵包

首 先 ， 從 這 裡 開 始 吧

　　本章的內容是為了完全沒有接觸過裝飾
藝術麵包，剛準備踏入這門學問的人所準
備。

　　前半部會介紹如何以含麵包酵母之麵團
（奶油麵包卷麵團），來製作裝飾藝術麵
包中最基本的「辮子麵包」。

　　後半部的主軸，則會介紹如何使用不含
麵包酵母的麵團，製作出傳統裝飾藝術麵
包。

　　本章內容完全不需要設計圖或複雜的技
術。敬請各位慢慢熟悉如何應用麵團的同
時，享受製作裝飾藝術麵包的樂趣。

辮子麵包〈2辮〉

A 2條立體交叉編法

B 2條立體平編法

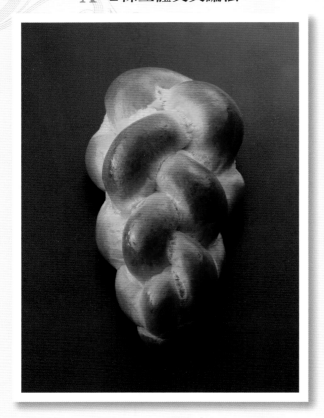

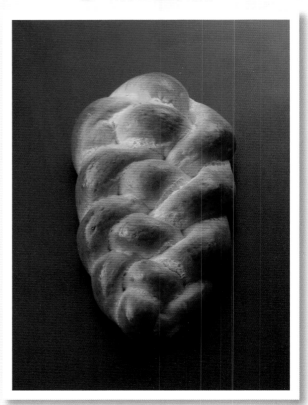

準備內容

● **材料**

奶油麵包卷麵團 ···································· 200g／個
蛋 ··· 適量

＊根據成品是要販賣用還是裝飾用，來挑選辮子麵包的麵團。這裡挑選了延展性佳、好應用的奶油麵包卷麵團。

A 4條交叉編法

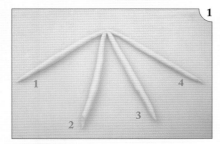

將麵團分切成4份，分別搓成細條狀。麵團末端搓細，並將4條麵團的另一頭靠攏。

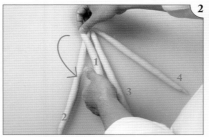

用一隻手壓住靠攏的單側，拿起1，跨越2後擺到3的旁邊。

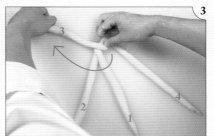

抬起3並徹底往上拉，就像要把麵團打結一樣。

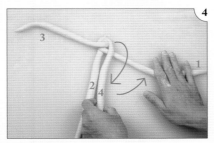

將3和1擺成一直線。拿起4，跨越1後擺到2的旁邊。

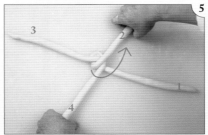

拿起2，與4成一直線。讓麵團條呈十字狀。

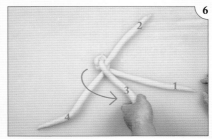

把3擺在1旁邊。

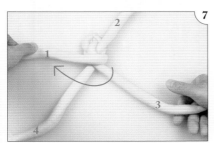

把1拉到另一側，與3成一直線。

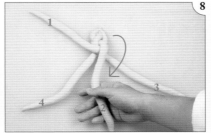

把2往下拉放到4的旁邊。

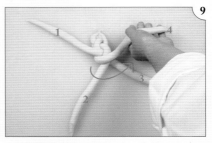

把4拉到另一側，與2成一直線。

把1往下拉放到3的旁邊。

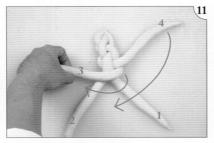

把3拉到另一側，與1成一直線。再把4往下拉放到2的旁邊。

反覆從步驟5開始的作業，編到最後，再將麵團末端靠攏壓合。抹上蛋液，進行30分鐘的最終發酵，再次塗抹蛋液，進200℃烤箱烘烤25分鐘。

B 4條平編法

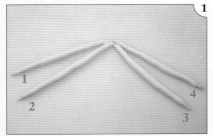

將麵團分切成4份，分別搓成細條狀。麵團末端搓細，並將4條麵團的另一頭靠攏。接著2條2條分邊放。

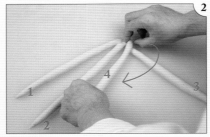

把最外側的4，擺到另一邊2的內側。

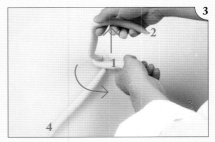

抬起2，接著把1從下方拉到3的內側。

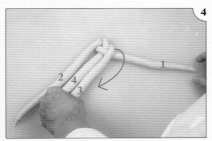

把3跨過1之上，擺到4的內側。

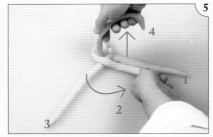

抬起4，接著把2從下方跨越3，並與1平行擺放。

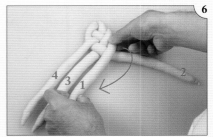

抬起1，跨越2的上方，與3平行擺放並置於3的內側。

抬起3，接著把4從下方跨越1，並與2平行擺放。

反覆步驟6、7，編到最後，再將麵團末端靠攏壓合。抹上蛋液，進行30分鐘的最終發酵，再次塗抹蛋液，進200℃烤箱烘烤25分鐘。

C 4條螺旋編法

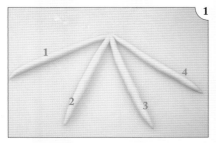

將麵團分切成4份，分別搓成細條狀。麵團條頭尾搓細，並將4條麵團的另一頭靠攏。

把內側的2、3麵團分別用雙手拿起，把手交叉，並讓2在上。

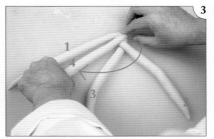

拿起4，擺到1的內側。

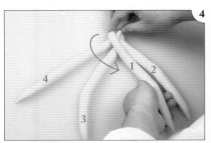

抬起1，跨越4、3的上方並置於2的內側。

左手拿3、右手拿1，雙手交叉，並讓3在上。

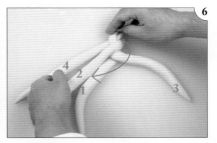

抬起2，跨越3、1的上方並置於4的內側。

抬起4，跨越2、1的上方並置於3的內側。

左手拿1、右手拿4，比照步驟2、5雙手交叉，並讓左手的1在上。

拿起右邊的3，跨越1、4的上方並置於2的內側。

拿起2，跨越3、4的上方並置於1的內側。

左手拿4、右手拿2，雙手交叉，並讓左手的4在上。接著再把右邊的1置於3的內側，並將3置於4的內側。

反覆步驟編到最後，再將麵團末端靠攏壓合。抹上蛋液，進行30分鐘的最終發酵，再次塗抹蛋液，進200℃烤箱烘烤25分鐘。

辮子麵包〈5辮〉

5條螺旋編法

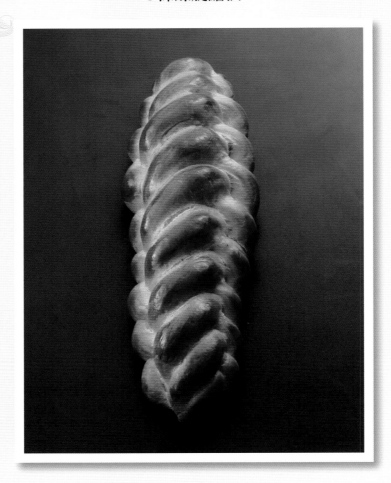

準備內容

● **材料**

奶油麵包卷麵團 ⋯⋯⋯⋯⋯⋯⋯⋯⋯⋯⋯⋯⋯⋯⋯ 250g／個

蛋 ⋯⋯⋯⋯⋯⋯⋯⋯⋯⋯⋯⋯⋯⋯⋯⋯⋯⋯⋯⋯⋯⋯ 適量

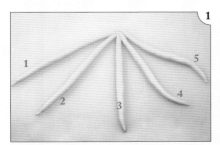

將麵團分切成5份，分別搓成細條狀。麵團末端搓細，並將5條麵團的另一頭靠攏。

把2、3麵團分別用雙手拿起，將手交叉，並讓2在上。

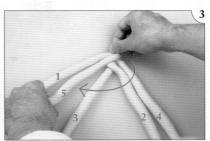

拿起5，擺到1的內側。

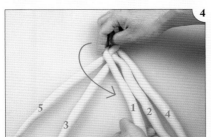

抬起1，擺到2的內側。

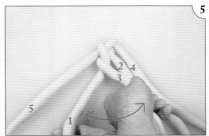

左手拿3、右手拿1，雙手交叉，並讓3在上。

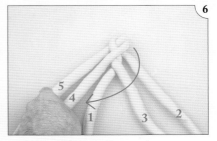

抬起4，擺到5的內側。

抬起5，擺到3的內側。

左手拿1、右手拿5，雙手交叉，並讓左手的1在上。

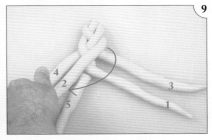

拿起右邊的2，跨越3、1、5之上，擺到4的內側。

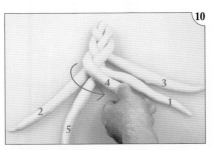

拿起4，跨越2、5之上，擺到1的內側。

反覆（8）交叉、（9）右到左、（10）左到右步驟，再將麵團末端靠攏壓合。抹上蛋液，進行30分鐘的最終發酵，再次塗抹蛋液，進200℃烤箱烘烤25分鐘。

文字簽名造型麵包

準備內容

● 材料

糖漿麵團（白）……………………………………適量

糖漿麵團（可可色）………………………………適量

麵粉………………………………………………些許

● 作業用

刀子、剪刀、水、塑膠袋、竹籤

	1
將糖漿麵團（白）盡可能擀薄（1mm厚度），用刀子隨意畫切出想要的形狀。	

把麵團放進塑膠袋，邊緣繼續壓扁，讓厚度更薄（可以直接用手或使用擀麵棍）。

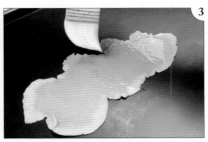

剪開並拆掉塑膠袋，表面抹水。

用竹籤在麵團寫文字草稿。

把糖漿麵團（可可色）切成細條狀，再用手擀成繩子狀。

在麵團上噴水，沿著草稿擺上繩子麵團。

麵團太長的話用剪刀剪短，並用手指修整切口形狀。

可以把麵團頭尾搓尖，或是有些粗、有些細，讓整體變化更豐富。也可以趁這時候擺上想要裝飾的物品。
＊想讓邊緣是白色的話（左上方的照片），可以用濾網撒粉。

	9
放入上火165℃／下火180℃的烤箱烘烤約10分鐘。	

壓模文字

A 用壓模製作文字

B 用壓模麵團做出立體文字

C 〈應用篇〉
搭配壓模文字製作裝飾板

準備內容
- **材料**

  糖漿麵團（白）⋯⋯⋯⋯⋯⋯⋯⋯⋯⋯⋯⋯⋯⋯⋯⋯適量

  糖漿麵團（可可色）⋯⋯⋯⋯⋯⋯⋯⋯⋯⋯⋯⋯⋯⋯適量

  蛋⋯⋯⋯⋯⋯⋯⋯⋯⋯⋯⋯⋯⋯⋯⋯⋯⋯⋯⋯⋯⋯⋯適量
- **作業用**

  刀子、文字壓模、文字模型紙、細直條紋擀麵棍、水

A

將糖漿麵團擀成4mm厚。

用壓模壓出文字麵團。邊緣用刀子整型。

＊可以放入冷凍使麵團稍微變硬，會比較好作業。

稍微烘烤（上火170℃／下火170℃，約10分鐘）。取出放涼，塗抹蛋液，再以相同條件烘烤15分鐘。

B

將糖漿麵團（白／可可色皆是）擀成4mm厚。

＊想讓文字生動的話，可以用細直條紋擀麵棍出模樣。

將麵團（白）擺在文字模型紙上，接著用刀子畫切。麵團（可可色）一樣加以畫切，不過尺寸要比白麵團大一圈。

＊建議可以列印兩張邊框厚度一樣的文字，一張模型紙沿著邊框內緣，另一張則是沿著邊框外緣裁切。

在麵團（可可色）上噴水，接著擺上文字麵團（白）。用麵團（白）搓出細條，黏在麵團（可可色）周圍。

直接進爐稍微烘烤（上火170℃／下火170℃，約15～20分鐘）。取出放涼，塗抹蛋液，再次烘烤（上火170℃／下火170℃，約15～20分鐘）。

C （應用篇）

1 將糖漿麵團（白）和（可可色）擀成4mm厚，分別裁切成想要的形狀。
2 用相同壓模分別在兩塊麵團壓出文字，把文字對調，並塞回麵團中。
3 直接進爐以上火170℃／下火170℃，稍微烘烤10分鐘。取出放涼，塗抹蛋液，再以相同條件烘烤10分鐘。繼續放涼，再接著烘烤20分鐘。

＊分次烘烤能避免麵團膨起。

麥子、麥葉

A
單以剪刀
剪出麥穗

B
搭配剪刀與刀子
製作麥穗

C
製作一顆顆
麥穗

準備內容（A、B、C皆同）

● 材料

糖漿麵團（白）⋯⋯⋯⋯⋯⋯⋯⋯⋯⋯⋯⋯⋯⋯⋯⋯適量

蛋⋯⋯⋯⋯⋯⋯⋯⋯⋯⋯⋯⋯⋯⋯⋯⋯⋯⋯⋯⋯⋯⋯⋯⋯適量

● 作業用

刀子、剪刀、水、脫模油、鋁箔紙、烘焙花樣造型鑷子、塑膠袋

製作造型

A 〈單以剪刀剪出麥穗〉

搓揉糖漿麵團（白），製作出一體成形的麥穗頭與麥稈。麥穗頭要是尖的。

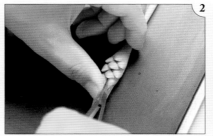

將麥穗頭尖處朝向自己，用剪刀依照中間、右邊、左邊的順序，將麵團剪開。

噴水。

B 〈搭配剪刀與刀子製作麥穗〉

比照A-1步驟。將麥穗頭尖處朝向自己，用刀子在麥穗頭畫出3條直線。

以刀痕為中心線，用剪刀依照中間、右邊、左邊的順序，將麵團剪開。

噴水。

C 〈製作一顆顆麥穗〉

將糖漿麵團（白）搓成繩子狀（麥稈），單側逐漸變細。放在烤盤，噴水。將麵團搓揉成偏細的水滴狀，像照片一樣，黏在麥稈前端。

將搓成細條狀的鋁箔紙沾抹脫模油，擺在左右側的麥穗上，接著繼續將水滴狀麵團以相同方式黏在麥稈上。

再擺上鋁箔紙，以錯位方式繼續放入水滴狀麥穗，讓麥穗就像綻放開來一樣。噴水。

〈 製作葉子 〉

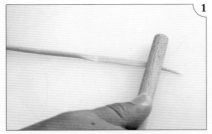

將糖漿麵團（白）搓成條狀，再以擀麵棍擀平。

上方覆蓋塑膠帶，用2指指尖將麵團周圍壓扁。把麵團的一邊搓尖，做出葉尖造型。

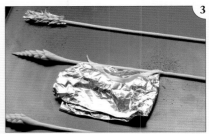

把麥子置於烤盤。旁邊擺放有些膨起的鋁箔紙。噴油後，擺上2的葉子麵團。葉子下方噴水，並黏在麥稈。

烘 烤

設定上火160℃／下火160℃，烤箱門不用關，將麵團烘乾40～50分鐘。

取出，完全放涼，塗抹蛋液。

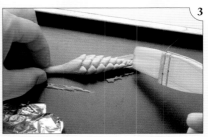

用手拿起［A］、［B］，仔細塗抹蛋液。

用剪刀剪開的造型處更要仔細塗抹。

［C］則是先把鋁箔紙抽掉後，再塗抹蛋液。

毛刷塗不到的地方要換畫筆細心塗抹。

放入上火180℃／下火180℃的烤箱烘烤約10分鐘。

麥稈變色後，將已經變色的麥稈覆蓋鋁箔紙，繼續烘烤讓麥穗變色。

葡萄、葡萄葉

準備內容
● 材料
糖漿麵團（白）………………… 適量
蛋 …………………………………… 適量
● 作業用
刀子、剪刀、水、脫模油、鋁箔紙、塑膠袋

〈製作果實〉

將糖漿麵團（白）搓成粗度均勻的條狀，切成相同大小，接著揉成球狀。

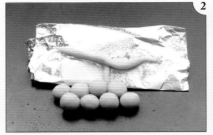

將鋁箔紙置於烤盤，噴油。製作葡萄的蒂頭與枝梗，放在鋁箔紙上。葡萄則是直接放在烤盤。

要把葡萄的果實麵團確實靠攏接合。

擺放第二層麵團球時，要放在底層麵團球的縫隙間。

第三層也是以相同方式擺放。

製作非常細的麵團條（藤蔓），放在葡萄之上。噴水，靜置片刻後，水就會流入麵團縫隙，讓麵團球黏合在一起。

讓葡萄維持這樣的形狀，放入上火160℃／下火160℃的烤箱烘烤約30分鐘。

取出烤箱，完全放涼，塗抹蛋液。

用鋁箔紙包覆住蒂頭和枝梗，再以上火180℃／下火180℃的烤箱烘烤約5分鐘。

〈製作葉子〉

將糖漿麵團（白）擀成2mm厚，沿著模型紙裁切。

蓋上塑膠袋，將麵團周圍壓扁。

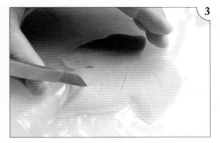

用刀子畫出葉脈紋路。

製作葉梗，黏在背面。

用鋁箔紙凹折出弧度，噴油，接著把步驟4的麵團正面朝上放置。

放入上火160℃／下火160℃的烤箱，烘烤約30分鐘。

取出烤箱，完全放涼，塗抹蛋液。

以上火180℃／下火180℃的烤箱烘烤約10分鐘。

取出烤箱，完全放涼，只在葉子邊緣塗抹蛋液。

再次以上火180℃／下火180℃烘烤，將葉子邊緣烤出顏色。

＊只要搭配步驟8、9，葡萄果實一樣能烤出不同色調。

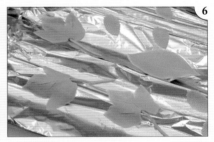

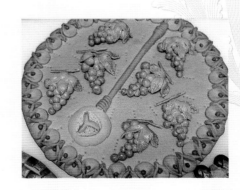

玫瑰

準備內容

● **材料**

糖漿麵團（白）⋯⋯⋯⋯⋯⋯⋯⋯⋯⋯⋯⋯⋯⋯適量

蛋⋯⋯⋯⋯⋯⋯⋯⋯⋯⋯⋯⋯⋯⋯⋯⋯⋯⋯⋯⋯適量

● **作業用**

圓形壓模（大：直徑5cm、小：直徑4cm）、葉片狀壓模、水、塑膠袋、脫模油、鋁箔紙

〈 製作花朵 〉

把糖漿麵團（白）擀薄。用圓形壓模壓出大小尺寸總計至少10片麵團，作為一朵玫瑰的花瓣（小片要比較多）。

取一片小麵團捲起，做成花蕊。

其他麵團片放入塑膠袋，用手將麵團周圍壓扁。

把小麵團花瓣一片片捲起，每片花瓣都要稍微錯位，手握處要用力壓緊。

從大麵團花瓣中間稍微捏起，接著包覆著4。

＊過程中如果麵團快變乾了，可以用塑膠袋蓋住，或是噴點水。

所有花瓣都組裝好後，把手握處稍微裁切掉。

〈 製作葉子 〉

把花朵套放在壓模，維持此狀態置於室溫至少半天～一天，讓麵團變乾。

待麵團完全乾掉後，塗抹蛋液。花瓣表裏都要仔細塗抹。接著把花朵放入上火120℃／下火120℃的烤箱，開著烤箱門烘烤約60分鐘。

把糖漿麵團（白）擀成2mm厚，用葉片壓模壓出形狀後，放入塑膠袋中，再將麵團邊緣壓扁。

用刀子畫出葉脈紋路。

用鋁箔紙凹折出弧度，噴油，擺上2。放入上火160℃／下火160℃的烤箱，烘烤約30分鐘。

取出烤箱，完全放涼，再次塗抹蛋液，並以上火180℃／下火180℃繼續烘烤10分鐘。

向日葵

準備內容

● 材料

糖漿麵團（白）…………………………………適量
糖漿麵團（黑可可）………………………………適量
蛋…………………………………………………適量

● 作業用

花瓣狀壓模、3款圓形壓模、葉片狀壓模、竹籤、刀子、水、塑膠袋、鋁箔紙、盆子（鐵氟龍塗層）、脫模油、剪刀（或烘焙花樣造型鑷子）

〈製作花朵〉

將糖漿麵團（白）擀薄，用花瓣壓模壓取一朵向日葵所需的花瓣，約40片（包含備用）。接著再用圓形壓模壓出1個圓形以及2個空心圓。

把壓好的花瓣放入塑膠袋，將花瓣周圍壓薄。

從塑膠袋取出，以刀子劃出紋路。

將花瓣等距貼在料理盆內側，接著噴水。
＊如果沒有鐵氟龍塗層的料理盆，則可以抹油。

把4放入上火160℃／下火160℃的烤箱，開著烤箱門烘烤30分鐘，讓花瓣變乾。

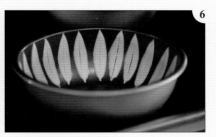

烘烤的目的是讓花瓣乾燥，而不是烤出顏色。

關上烤箱門，繼續烤10分鐘，接著取出。

在圓形麵團塗抹蛋液，把花瓣1片片貼上。

把空心圓抹上蛋液，黏在中心處。

將鋁箔紙搓成細圓圈，放在第一層花瓣上。接著在9的空心圓塗上蛋液，黏上第二層花瓣。

接著繼續用蛋液將另一個空心圓黏上。

用糖漿麵團（黑可可）做出中間隆起的模樣，接著用蛋液黏在正中央，就是花蕊。並用竹籤做出造型。

如果洞搓太深，裡頭可能會累積蛋液，所以要特別注意。

再次放入步驟4的料理盆。

以上火160℃／下火160℃烘烤約20分鐘。

從料理盆取出，完全放涼後，再次塗抹蛋液。

重新放入盆中，再以上火180℃／下火180℃烘烤10分鐘。

呈現出剛好的烤色時，就能出爐。

用多功能尖嘴鉗或剪刀剪開並抽出鋁箔紙。

〈製作葉子〉

將糖漿麵團（白）擀成2mm厚，用葉片壓模壓出形狀，並放入塑膠袋。接著將葉片麵團周圍壓薄。

用刀子畫出葉脈的模樣。

用鋁箔紙凹折出弧度，噴附脫模油，接著擺上2的麵團。

放入上火160℃／下火160℃的烤箱，烘烤約30分鐘。取出烤箱，完全放涼後塗抹蛋液，接著調高溫度，以上火180℃／下火180℃烘烤約10分鐘。

竹子

準備內容

● **材料**

糖漿麵團（白）⋯⋯⋯⋯⋯⋯⋯⋯⋯⋯⋯⋯⋯⋯⋯⋯適量

蛋⋯⋯⋯⋯⋯⋯⋯⋯⋯⋯⋯⋯⋯⋯⋯⋯⋯⋯⋯⋯⋯⋯⋯適量

● **作業用**

擀麵棍、鋁棒（直徑5mm）、刀子、脫模油

將糖漿麵團（白）擀成3mm厚，切成3cm寬的條狀。

用擀麵棍將麵團長邊的邊緣均勻擀薄。

將單邊擀薄即可。

將3擀薄的部分塗抹蛋液，用鋁棒將麵團捲起。

這時要充分施力捲起，避免縫隙產生，這樣才能避免麵團烘烤時鬆弛。

搓擀麵團，讓整體粗細一致。

＊如果麵團有厚有薄，那麼烘烤時較厚的部分會因為較重的關係鬆弛。

用刀子在想要做出竹節的位置畫記號。

雙手握住記號的左右側，將麵團朝中間擠壓。

做出竹節形狀。

在竹節的溝槽塗抹蛋液。整體表面也要塗抹。稍微乾掉後，再全部補塗一次。

在上火160℃／下火160℃的烤箱鋪放烤盤，分別在左右兩側擺放壓模，接著將鋁棒跨放在壓模上。開著烤箱門烘烤約10分鐘，過程中要偶爾轉動鋁棒。

＊如果麵團烤到膨起，可以戴上手套，用手均勻按壓麵團。

接著調高溫度，以上火180℃／下火180℃烘烤30分鐘。趁鋁棒還很燙時抽出。

用麥穗展現歡迎之情

此作品是仿照石製烤窯，仔細黏上一片片的麵團，營造出磚瓦效果。當中還刻意加入有些錯位脫落的麵團，提高仿真度。作品中的麥穗相對圓胖，藉此表現出麵包店會有的氛圍。

準備內容

● 材料

糖漿麵團	適量
糖漿麵團（褐色）	適量
D糖漿麵團	適量
D糖漿麵團（黑）	適量
D糖漿麵團（白）	適量
D糖漿麵團（紅）	適量

● 作業用

模型紙　A 寬38cm、高18.5cm的拱門形狀
　　　　B 寬30.5cm、高11cm的拱門形狀
　　　　C 寬28.5cm、高7.5cm的拱門形狀
負重物、刀子、水、黏著劑、披薩滾針

● 製作組裝物

麥子、磚瓦烤窯、背板、麵團塊（用來隔出空間）、文字（2類型）、文字板、葉子、迷你麵包等

〈 製作底座 〉

把糖漿麵團（褐色）擀成5mm厚，用披薩滾針打出透氣孔。放入160℃烤箱烘烤15分鐘，趁還有熱度時，放上模型紙A裁切出形狀。依照同樣步驟，再準備一片形狀相同的D糖漿麵團。 **1**

把B模型紙置中放在步驟1還沒有進爐烘烤過的麵團上，下面要保留4cm的距離。並沿著B模型紙裁切出形狀。 **2**

將切好的麵團沾水黏在步驟1的褐色麵團上。 **3**

〈 黏貼磚瓦 〉

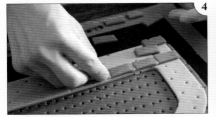
將D糖漿麵團（紅）擀成3mm厚，裁切成2.5×1cm塊狀。麵團的邊角料可以保留用來呈現磚瓦錯位脫落的模樣。沾水將麵團塊黏在石窯下方。 **4**

將D糖漿麵團擀成3mm厚，切成粗3mm的條狀，埋入磚瓦間的縫隙。 **5**

將步驟4的D糖漿麵團（紅）切成3×1cm塊狀。拱門處的磚瓦要稍微帶點梯形，並順著拱門的弧度沾水黏貼。接著以160℃烘烤約40分鐘。 **6**

〈 製作其他裝飾物 〉

按照P.41的技巧，用D糖漿麵團製作麥稈與麥穗打底的部分，將麥穗的打底麵團壓平。接著將細長狀的麵團斜放，排列於左右兩側，做出麥穗的模樣，並於中間貼上細麵團條。塗抹蛋液，以170℃烘烤30分鐘。 **7**

D糖漿麵團（白）擀成3mm厚，用文字模型壓模。以120℃烘乾30〜40分鐘。 **8**

用披薩滾針把厚5mm的D糖漿麵團打洞，順著C模型紙切下。接著用D糖漿麵團（黑）在上面排列出英文字，麵團可以粗細不一，看起來會更有張力。以160℃烘烤40分鐘。 **9**

〈 組裝作業 〉

D糖漿麵團（黑）擀成5mm厚，用披薩滾針打洞後，以160℃烘烤15分鐘左右，趁還有熱度時，切成50×35cm尺寸。將紅麵團切成厚2mm、寬3cm，黏在2個短邊、1個長邊，放入160℃烤箱烘烤40分鐘。 **10**

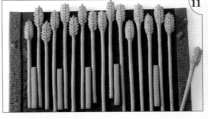
D糖漿麵團擀成15mm厚，裁成5條8×1cm的條狀，以160℃烘烤40分鐘。將麥穗黏在步驟10的背板，高度可以參差不齊，麥穗之間則是黏貼這些麵團條用來隔出空間。 **11**

接著黏上步驟6的石窯，中間黏上步驟9的文字板。繼續擺上白色英文字，最後黏上預先烤好的迷你麵包和葉子。 **12**

the
Gallery

神戸屋　作品集

Step II

專業職人技術
打造出的
裝飾藝術麵包

展現出一年不同節日的各種歡欣雀躍吧

　　熟悉「糖漿麵團」，也就是裝飾藝術麵包的基礎後，就能嘗試看看如何呈現出不同季節的氛圍。

　　本章使用的麵團僅「糖漿麵團」及「米粉麵團」這兩款。糖漿麵團既能營造出厚實帶有溫度的感覺，也能擀薄展現纖細氛圍。再搭配上顏色可以繽紛變化的米粉麵團，讓裝飾藝術麵包充滿無限可能，相信也能讓看到這些麵包的人深受感動。這也是本章內容想要表達的想法。製作次數愈多，失敗的次數或許也會增加，但神戶屋的職人們想在這邊跟各位說，「失敗，才能找出自我風格」。

新 年 裝 飾　應 用 作 品

（新年裝飾藝術麵包）

新年元旦的裝飾作品。所有元素都要用麵包麵團來呈現的話會太過耗時費工，因此會技巧性地搭配一些現成裝飾品，將有助提升效率。

準備內容

● 材料

D糖漿麵團 ···	適量
D糖漿麵團（褐） ·······································	適量
D糖漿麵團（白） ·······································	適量
D糖漿麵團（黃） ·······································	適量
D糖漿麵團（黑） ·······································	適量
裝飾品（帶有新年元素） ···························	隨意

● 作業用

刀子、尺、水、毛刷、擠花嘴（圓形）、壓模（方形）、披薩滾針、黏著劑（愛素糖）

● 構成要素

S形底座、背板（2片）、裝飾小物（麵包麵團）、立架（現成品）、裝飾物（現成品）

〈 製作底座 〉

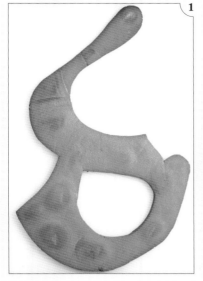

1 D糖漿麵團（褐）擀成1cm厚。切割出S形的吊掛底座（形狀不拘）。放入160℃烤箱烘烤60分鐘。為了徹底烤乾不殘留水分，烘烤時不要使用烤盤，直接放進烤箱加熱。

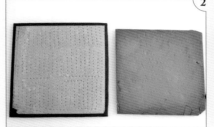

D糖漿麵團（黑）及（黃）擀成5mm厚，褐色麵團擀成6mm厚。黑麵團切成邊長33cm，黃色及褐色麵團則是邊長31cm的正方形，擺在烤盤上，進160℃烤箱烘烤至少30分鐘。

實際觀察硬度來調整烘烤條件。尤其是烤黃麵團的時候可以插放鋁箔紙或紙張，避免麵團變色。

〈 製作裝飾品 〉

D糖漿麵團（黑）成3mm厚，用披薩滾針打洞，切成2片10×15.5cm的長方形。以160℃烤箱烘烤至少30分鐘。放涼後切成日式褲裙的形狀（參照步驟6）。

D糖漿麵團（白）擀成1.5～2mm厚，切成2mm寬的條狀。沾水並整齊黏在步驟4的麵團上。以120℃加熱烘乾，但要避免烤到變色。

將同為白色的麵團用喜歡的壓模自由壓出各種裝飾。以120℃加熱烘乾，但要避免烤到變色。接著，用圓形壓模壓取褐色麵團，一樣是加熱烘乾。

〈 組裝作業 〉

將步驟2的褐色背板黏在S形底板上。

接著再黏上步驟2的黃色板子。並在板子後面貼上步驟5的白色條狀造型片。

隨意黏上步驟6的白色麵團。

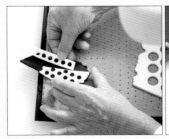

10 在白色麵團下方黏貼黑色麵團，並在周圍和邊角分別用褐色圓麵團及白色麵團點綴，擺放時要注意整體色調的一致性。

蝴蝶餅造型 新年裝飾

(新年裝飾藝術麵包)

準備內容

● 材料

糖漿麵團（白）……………………………………適量

蛋………………………………………………………適量

裝飾品（乾燥花、繩子等）……………………隨意

立架（照片裡的立架是以可可色糖漿麵團製成）…… 1個

背板（照片裡的背板是以可可色糖漿麵團製成，

亦可改用木板）…………………………………… 1片

＊作法清參照P.68

● 作業用

刀子、金屬尺、脫模油、水

D糖漿麵團（白）擀成6mm厚，切成寬4～5cm、長1.5m左右的帶狀。修整成中間比較粗，左右兩端比較細的話，成品會更美麗。

在麵團中心點做記號，拿起左右兩端，在中間處纏繞2圈，做出跟照片一樣的蝴蝶餅形狀。烤盤抹油，擺上麵團。

繼續把步驟1的麵團擀薄成2mm厚，切成寬3～4mm的條狀。

在步驟2的麵團噴水，沿著邊緣黏上步驟3的麵團條。

處理纏繞重疊處的時候，麵團條要稍微往裡頭鑽，看起來才會有延伸感。

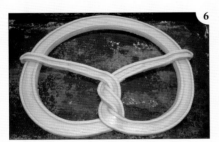

塗抹蛋液，放入上火165℃／下火180℃的烤箱烘烤10分鐘、冷卻10分鐘，再繼續烘烤20分鐘左右，烤出自己想要的顏色。

〈 應 用 〉

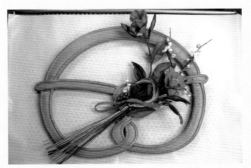

變換裝飾品，也可以綁上繩子，作為吊飾。

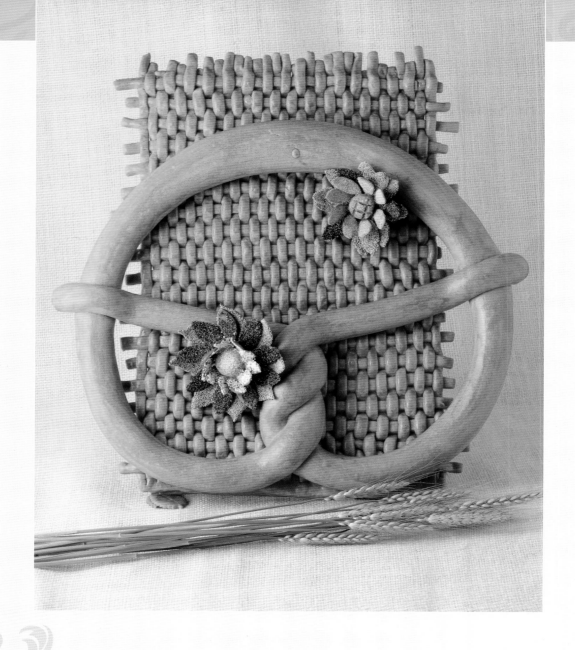

結合編織麵包與蝴蝶餅的擺飾

（可加以應用的靈感）

準備內容

● 材料

糖漿麵團（白）‥‥‥‥‥‥‥‥‥‥‥‥‥‥‥‥‥適量

蛋‥‥‥‥‥‥‥‥‥‥‥‥‥‥‥‥‥‥‥‥‥‥‥適量

裝飾品（寫真花發酵生地製作、P.124參照）

‥‥‥‥‥‥‥‥‥‥‥‥‥‥‥‥‥‥‥‥‥‥‥隨意

立架（照片裡的立架是以糖漿麵團製成）‥‥‥‥‥1個

背板（照片裡的立架是以糖漿麵團製成，

亦可使用保麗龍）‥‥‥‥‥‥‥‥‥‥‥‥‥1片

● 作業用

刀子、金屬尺、脫模油、水、熱融膠

背板
糖漿麵團（白）擀
成4mm厚，打出
透氣孔，無需塗抹
蛋液，直接烘烤。

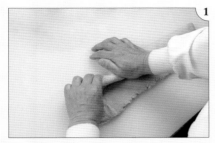

糖漿麵團（白）擀成3mm厚，捲成棒狀。捲的時候刻意讓中間較粗，左右兩端逐漸稍微變細。

在麵團中心點做記號，拿起左右兩端，在中間處纏繞2圈，做出蝴蝶餅形狀。

像照片一樣，拿住麵團兩側較重的部分，移到烤盤上，再次整型，塗抹蛋液。放入上火165℃／下火180℃的烤箱烘烤10分鐘、放涼10分鐘、烘烤10分鐘、放涼10分鐘、再烘烤20分鐘左右。

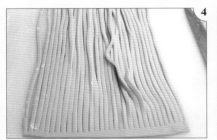

糖漿麵團（白）擀成4mm厚，縱向畫切出寬8mm的刀痕（保留靠近手邊1cm左右的邊寬，不要全部切斷）。要橫向排入的麵團擀成一樣的厚度，直接切斷成寬8mm條狀。麵團條的長度要比成品預期的尺寸多20～25%。

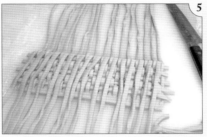

將垂直麵團以1條往上翻、1條不翻的方式擺放，橫放1條水平麵團，再把原本往上翻的垂直麵團翻回來。接著換成跟上述顛倒的擺放方式，也就是剛剛往上翻的麵團這次不翻，再繼續橫放1條水平麵團。反覆此步驟，編織到最後。

將編織好的麵團移到烤盤，塗抹蛋液。放進上火165℃／下火180℃的烤箱烘烤10分鐘、放涼10分鐘、烘烤10分鐘、放涼10分鐘、再烘烤20分鐘左右。

在背板擠上熱融膠，黏貼步驟6的編織裝飾麵包。

※背板的目的在於加強強度，如果是要作為吊掛用，也可以考慮換成保麗龍材質。

接著繼續用熱融膠把步驟3烤好的蝴蝶餅黏上。

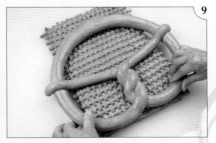

由於蝴蝶餅裝飾麵包有些重量，所以要評估怎麼黏，成品會最穩定，比較能久放。裝飾品的部分則可依個人喜好擺放。貼上文字也是不錯的選擇。

心心相映的情人節

準備內容

● 材料

糖漿麵團（白） ··························· 適量

糖漿麵團（可可色） ··························· 適量

榛果 ··························· 適量

巧克力豆（褐色／白色） ··························· 各適量

可可粉 ··························· 適量

覆盆子粉 ··························· 適量

蛋 ··························· 適量

愛素糖（參照P.11） ··························· 適量

● 作業用

刀子、心形壓模（大小尺寸）、文字壓模、模型紙（參照右側照片）、底紙（參照P.71-2）、脫模油、水、濾茶網、金屬尺、銼刀、雕刻刀

底紙（心形）與支撐架形狀底紙。

［組裝作業］

1

在［製作組裝物］〈底座〉步驟做好的心形底座上，用熱融膠隨意黏貼迷你麵包。這裡的迷你麵包會用來支撐著其他裝飾物，所以建議準備有些立體且圓弧的麵包。

2

迷你麵包也可以貼在側面，這樣就算黏上其他裝飾物，也不至於完全被覆蓋住。

3

可以用迷你麵包來墊底，擺放葉子並加以固定。

4

在葉子底部和葉背這兩個位置用熱融膠固定。

5

黏貼方式可以更立體，才能呈現出深度。另外，黏貼組裝物時，建議左右兩側都不要超過心形底座寬度的2成，這樣才會有一體成形感。

6

一些細長狀和挖洞的組裝物可以讓作品變得更生動，賦予表情變化，建議留到最後黏貼。要特別留意，整個作品必須讓人看得出是心形。

另外亦可做成婚禮用裝飾，當然也能應用在生日派對、歡迎看板等。

享受情人節！

● 材料

糖漿麵團（白）⋯⋯⋯⋯⋯⋯⋯⋯⋯⋯⋯⋯⋯⋯⋯適量
糖漿麵團（可可色）⋯⋯⋯⋯⋯⋯⋯⋯⋯⋯⋯⋯適量
米粉麵團（白）⋯⋯⋯⋯⋯⋯⋯⋯⋯⋯⋯⋯⋯⋯適量
米粉麵團（覆盆子）⋯⋯⋯⋯⋯⋯⋯⋯⋯⋯⋯⋯適量
覆盆子粉⋯⋯⋯⋯⋯⋯⋯⋯⋯⋯⋯⋯⋯⋯⋯⋯⋯適量
蛋⋯⋯⋯⋯⋯⋯⋯⋯⋯⋯⋯⋯⋯⋯⋯⋯⋯⋯⋯⋯適量

● 作業用

刀子、剪刀、圓形壓模、
葉子狀壓模、支柱模型紙
（參考照片）、2個料理
盆（直徑14cm）、鋁箔
紙、擀麵棍、打洞烤盤
（手工製作）、圓形模
（大）、脫模油、水、熱
融膠、冷卻噴霧

糖漿麵團（可可色）要使用的模型
紙。左邊是支柱用的形狀。

［製作組裝物］
〈a〉

糖漿麵團（可可色）擀成5mm厚，擺上半圓模型紙（P.76的照片右）並切出形狀。

噴大量的水，用手指摸麵團表面，除了把邊角摸圓，也是讓麵團表面變光滑，接著塗抹蛋液。以上火160℃／下火160℃烘烤30分鐘左右。

糖漿麵團（可可色）擀成8mm厚，擺上支柱用模型紙（P.76的照片左）並切出形狀。

4

支柱支撐用的輔助零件（參照步驟6）也是先用圓形壓模備用。

準備粗度跟步驟3麵團厚度一樣的麵團條，黏在支柱跟輔助零件的側邊。
＊切面太厚的話，光靠塗抹蛋液是無法做出漂亮成品，所以要改黏麵團條。

噴水，以步驟2的條件烘烤。

〈b〉

糖漿麵團（可可色）擀成7mm厚，切開，再用手搓成麵團條。

將2個料理盆倒扣，蓋上鋁箔紙，噴油，用麵團條繞盆口一圈。

在盆子上隨性擺放麵團繩，剪掉太長的部分。不過，麵團條兩端一定要貼住步驟8盆口的麵團。

塗抹蛋液，以上下火170℃烘烤30分鐘。出爐後，脫模放涼。

〈c〉

米粉麵團（白）擀成1mm厚，用葉子模具壓模。

依照自己的喜好在周圍壓出缺口，描繪出葉脈，並塗抹蛋液。

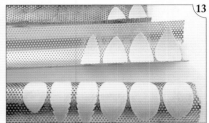

思考想要怎麼呈現作品的同時，挑選不同直徑的打洞烤盤，噴油後，將麵團擺放上去。

放入上火120℃／下火150℃的烤箱烘烤20分鐘左右。

〈d〉

米粉麵團（白）和米粉麵團（覆盆子色）分別擀成2mm厚，一層層堆疊，切成8mm寬的條狀。

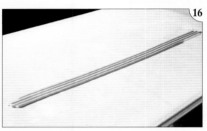

讓麵團過壓麵機，加工成寬3cm、長50cm、厚1.5mm的扁條狀。

切成適當長度（15cm左右）。隨意切出一些形狀，呈現出不同模樣。

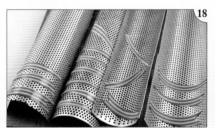

依自己喜好挑選打洞烤盤，再把麵團條擺上，放入上火160℃／下火160℃的烤箱烘烤20分鐘左右。

〈e〉

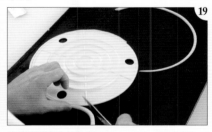

米粉麵團（白）擀成2mm厚，蓋上圓形烤模（大），順著邊緣切出細條曲線。

烤盤抹油，擺上切好的細條麵團，噴水，再以上火160℃／下火160℃的烤箱烘烤15分鐘。

米粉麵團（白）和米粉麵團（覆盆子色）分別擀成5mm厚，壓成大小不同的心形。依照步驟20，烘烤約15分鐘（大小心形烤好後再疊放）。

米粉麵團（白）和米粉麵團（覆盆子色）分別擀成1mm厚，接著繼續用擀麵棍擀更薄。分別依照P.47步驟，做出玫瑰花。放置室溫下至少1天讓花朵變乾（或是擺放至少半天後，再以120℃烘40分鐘左右）。

萬聖節派對

準備內容

● 材料

糖漿麵團（白）……………………………………………適量

糖漿麵團（黑可可）……………………………………適量

蛋……………………………………………………………適量

將鄉村麵包挖空，塞入三明治

● 作業用

刀子、水、脫模油、鋁箔紙、竹籤、熱融膠、城堡模型紙、蝙蝠模型紙（參照右邊照片）

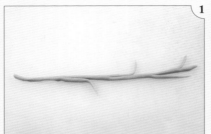

將糖漿麵團（白）搓成約直徑1cm的條狀，用刀子畫出明顯切痕。

把切開的麵團用力扭轉，接著想像樹幹的枝節處，凹折麵團。

大樹枝則是再以刀子畫出切痕，扭轉做出小樹枝。

把鋁箔紙捏成圓環，大小跟步驟8製作的上蓋直徑一樣。噴油，擺上步驟3的麵團。接著噴水，以上火180℃／下火180℃的烤箱烘烤20分鐘。

用糖漿麵團（白）做出數個圓球，進爐烘烤。繼續把糖漿麵團（白）擀成7mm厚，壓出圓形。塗抹蛋液，接著包住預先考好的麵團球。

用竹籤在麵團球側面做出南瓜的條紋模樣，塗抹蛋液。用步驟5的麵團切成小三角形，一樣進爐烤過，做成南瓜蒂頭。

糖漿麵團（黑可可）擀成4mm厚，擺上模型紙，切出城堡的模樣。

利用剩餘的糖漿麵團（黑可可），按照步驟1～3的重點，製作樹。糖漿麵團（白）擀成4mm厚，切出圓形（想要的直徑大小），製作上蓋。

在烤盤噴油，擺上步驟6、7、8備好的麵團，全部塗抹蛋液，再放入上火160℃／下火 160℃的烤箱烘烤20～40分鐘。完成組裝物。

在烤好的上蓋，擺放步驟4的藤蔓條。接著擺放南瓜支撐，讓城堡能夠靠立起來。在藤蔓條插入樹枝，並用熱融膠固定。

用熱融膠在樹枝上黏蝙蝠。

用熱融膠在藤蔓條黏上南瓜。

南瓜妖怪燈罩

準備內容

● 材料

糖漿麵團（白）⋯⋯⋯⋯⋯⋯⋯⋯⋯⋯⋯適量
蛋⋯⋯⋯⋯⋯⋯⋯⋯⋯⋯⋯⋯⋯⋯⋯⋯⋯適量
燈泡⋯⋯⋯⋯⋯⋯⋯⋯⋯⋯⋯⋯⋯⋯⋯⋯1顆

● 作業用

刀子、水、脫模油、
鋁箔紙、2個料理盆
（直徑約30cm）、
不鏽鋼材質鋸刀、熱
融膠

糖漿麵團含糖量較高，烘烤過程中容易
鬆弛，建議挑選跟照片一樣，有邊緣設
計的料理盆。

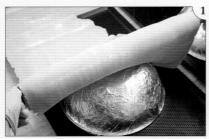

糖漿麵團（白）擀成4mm厚。將料理盆用鋁箔紙包好，噴油後，擺上麵團。以雙手按壓讓麵團服貼。接下來重複2次到步驟11的作業，製作2個南瓜組裝物。

保留周圍多餘的麵團不用切掉，噴水。

放入上火160℃／下火160℃的烤箱烘烤約15分鐘。烤到膨脹起來的話，要取出烤箱用手撫平。

烤到表面充分變乾，用兩手按壓整型，於室溫放涼。

糖漿麵團（白）擀成8mm厚，切成寬1cm的條狀。

4放涼後，噴水，用步驟5的麵團條交錯出十字狀。

繼續在各個位置黏上麵團條。疊放麵團條的時候要觀察厚度，並將下緣長度梳理整齊。噴水並用手按壓整型，讓麵團的起伏看起來更平順，不至於太突兀。上方中間處壓平，噴水。

糖漿麵團（白）擀成3mm厚，蓋在步驟7的麵團上。

稍微施力推壓麵團，讓上下麵團徹底貼合，避免裡頭有空氣殘留。

噴水，用手掌整型，讓表面呈現滑順的凹凸模樣。

用刀子把下襬多餘的麵團切掉。下刀的時候刀面傾斜，讓切面朝向內側。

依照整體大小，用剩餘麵團製作一個南瓜蒂頭。

復古花圈 向星星許願

準備內容

● 材料

糖漿麵團（白）	適量
蛋	適量
罌粟籽（白／黑）	各適量
玉米粉	適量
糯米粉	適量
裝飾物	隨意
銜接零件、釣具零件	2
轉環零件、釣具零件	1
釣線	適量
吊具（掛鉤）	2
迷你麵包（如照片，參照P.97作法）	隨意

● 作業用

刀子、脫模油、水、烘焙花樣造型鑷子、熱融膠、料理盆
（照片為直徑33、26、23、17.5cm共4種尺寸）

糖漿麵團（白）擀成4mm厚，放在烤盤上，切畫出同心的環狀。

※準備4個大小不同的料理盆會很方便。不過，要記得確認最大的料理盆是否能放入烤盤，以及2個環狀之間的間距是否充足。

將備好的零件插入上下位置，將大小圓環串連起來（用轉環零件接起2個銜接零件）。

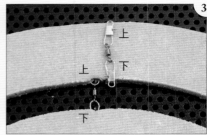

上下2處的『銜接零件』是用能夠旋轉的『轉環零件』來接合。

將2個圓環放好，維持住間隔，接著噴水。

放入上下火180℃的烤箱烘烤至少30分鐘，將麵團烤硬。麵團如果翹曲，就要拿出烤箱，蓋上烤盤降溫。

準備跟步驟1一樣的4mm厚麵團，切成5條寬5mm、長140～150cm的麵團條。將麵團條的一邊用重物壓住，接著從另一邊開始搓轉。

將步驟5大圓環的外圍側面塗抹蛋液。

黏上步驟6搓轉好的麵團繩。

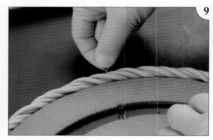

在步驟2零件相接處的外側位置插入掛鉤。

塗抹蛋液。

用糖漿麵團（白）搓轉出比步驟6更粗的麵團條，斜剪出痕跡。

在小圓環內側塗抹蛋液，黏上步驟11的麵團條。

把斜剪的麵團以二取一的間距挑起。

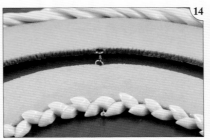

將步驟13的麵團塗抹蛋液，插入要用來吊掛星星裝飾的掛鉤。

準備2條比步驟6更細的麵團條，分別黏在大圓環內側跟小圓環外側塗抹蛋液，並黏上麵團條。

用竹籤在大圓環內側的麵團條壓出線條。

在步驟15、16的邊框麵團條塗抹蛋液。

放入上火160℃／下火160℃烤箱烘烤30分鐘。

製作拼貼麵團。糖漿麵團（白）擀成3mm厚，噴水，擺上白色罌粟籽，用擀麵棍按壓。接著讓麵團過壓麵機，壓成約2mm厚。搭配黑色罌粟籽、玉米粉、糯米粉的麵團也用相同方法製作。

步驟18的圓環放涼後，塗抹蛋液，並將步驟19的麵團用刀子切成適當大小，仿照馬賽克的模樣拼貼麵團。接著把圓環放上烤盤。

設定上火上火120℃／下火120℃，烤箱門不用關，將麵團烘乾20分鐘左右。

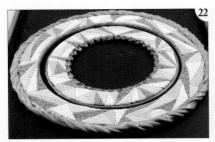

完成後，拿出來放涼。

釣魚線穿過掛鉤，吊掛裝飾品。

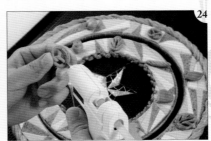

再以熱融膠黏上裝飾用迷你麵包。

聖誕樹

準備內容

● 材料

糖漿麵團（抹茶）⋯⋯⋯⋯⋯⋯⋯⋯⋯⋯⋯⋯⋯⋯⋯適量
（參照P.18的麵團作法〈例1〉。抹茶粉8%）

糖漿麵團（白）⋯⋯⋯⋯⋯⋯⋯⋯⋯⋯⋯⋯⋯⋯⋯⋯適量

蛋⋯⋯⋯⋯⋯⋯⋯⋯⋯⋯⋯⋯⋯⋯⋯⋯⋯⋯⋯⋯⋯適量

黑麥麵包⋯⋯⋯⋯⋯⋯⋯⋯⋯⋯⋯⋯⋯⋯⋯⋯⋯⋯1個

掛鉤⋯⋯⋯⋯⋯⋯⋯⋯⋯⋯⋯⋯⋯⋯⋯⋯⋯⋯⋯⋯適量

● 作業用

筆刀、圓形壓模、金屬尺、竹籤、小擀麵棍、聖誕樹模型紙、鋁箔紙、脫模油、水、熱融膠、烘焙花樣造型鑷子、籐製發酵籃、烘焙紙、愛素糖

用這個模型紙取2片麵團（分別在上下各取1段樹幹處的溝槽）。照片中的尺寸是左右寬80cm、高65cm（包含樹木下方5cm的樹幹）。

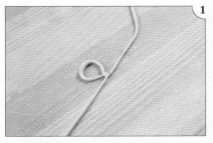

製作迷你麵包。將糖漿麵團（白）搓成細繩狀，提取中間處，捲繞2圈做出小環狀。

把麵團繩往上翻，做出蝴蝶餅的造型。

準備細長麵團，斜剪出痕跡。

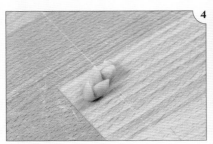

左右扳開，做出麥穗形狀。

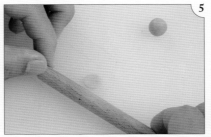

製作小球。另外準備麵團，將圓形麵團擀平。

把平麵團擺上麵團球，用竹籤從中間處下壓接合。

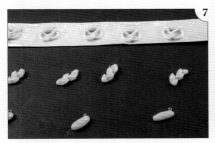

把所有的迷你麵包都插入掛鉤，噴油，擺在烤盤上。蝴蝶餅造型的麵團要鋪放烘焙紙。

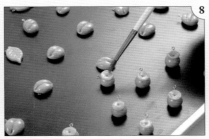

塗抹蛋液。

以上火160℃／下火160℃烘烤30分鐘。

要確保每個迷你麵包都能放入聖誕樹的圓洞裡（參照P.98步驟18）。

製作底座。把平常在使用的黑麥麵團塞進撒了大量手粉的籐製發酵籃，進行短時間的最終發酵。

烘烤成插入聖誕樹也不會傾倒，非常穩固扎實的黑麥麵包。

糖漿麵團（綠）擀成4mm厚。在板子鋪放鋁箔紙，擺放麵團，放上聖誕樹的模型紙，裁切出比模型紙稍大一些的麵團。切好2片麵團，以下步驟會將2片麵團同時作業。

為了調整烘烤時會造成的變形，請以上火160℃／下火160℃的烤箱，烘烤約10分鐘。
※把網目烤盤顛倒放在烤箱中，並將麵團連同鋁箔紙置於上方。

再次放上模型紙，這次直接依照模型紙輪廓切取麵團。

整塊麵團畫出間隔統一為5cm的直線與橫線，中間則是保留約7cm。用美工刀沿著左右兩邊的線條畫出痕跡。為了能把2片聖誕樹麵團組合起來，樹幹處要在上下分別切出長30cm、35cm，寬度相當於麵團厚度的溝槽。切好後，先不要拿起溝槽的麵團。

決定要挖圓孔的位置，用圓形模壓出記號。

光靠壓模是無法壓出漂亮的切面，所以要改用筆刀逐一挖洞。

在掛鉤螺絲處沾取蛋液，插入圓孔的切面。

將網目烤盤顛倒擺放，設定烤箱溫度為上火160℃／下火160℃，放上步驟19的麵團烘烤40分鐘。

取出烤箱，趁還有溫度時，於左右兩側分別插放金屬尺，讓樹枝麵團一塊在上、一塊在下（如照片）。拿掉樹幹多餘的麵團。放涼後，塗抹蛋液。

將2片聖誕樹片上下垂直組合起來，將融化的愛素糖倒入預先挖好十字孔的黑麥麵包，接著插入組裝好的聖誕樹。

左右手各持1支尖嘴鉗，將迷你麵包組裝上去。

閃耀星空下與聖誕老人同在

準備內容

● 材料

糖漿麵團（白）·····················適量
糖漿麵團（可可色）·················適量
米粉麵團（白）·····················適量
蛋·······························適量
裝飾品（星星、聖誕飾品）···········隨意

● 作業用

刀子、尺或硬紙板、
料理盆、鋁箔紙、脫
模油、模型紙（側
柱、主塔）、圓柱模
型紙（各種尺寸）、
花樣造型鑷子、熱融
膠、披薩滾針

側柱與主塔的模
型紙。側柱麵團
實際上會挖出2個
圓洞。高度跟寬
度可以依照自己
想要的模樣自由
規劃。

［製作組裝物］

〈a〉

糖漿麵團（可可色）擀成5mm厚，沿著模型紙裁切，一共要切4片。以下步驟需同時進行。用披薩滾針打出透氣孔，放入上火180℃／下火180℃烤箱烘烤約15分鐘。

糖漿麵團（白）擀成5mm厚，在步驟1的麵團背面塗抹蛋液，將兩者黏合。沿著1的麵團輪廓切下。

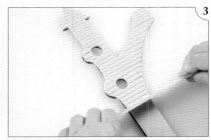

使用尺或硬紙板，做出等距的橫線條。線條要夠深夠明顯。

接著在橫向條之間畫出直線，做出位置交錯的磚瓦模樣。

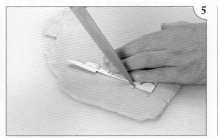

糖漿麵團（白）擀成7mm厚，放上圓頂上方的塔樓模型紙，裁切出4片。

在步驟4、5麵團的表面和側面塗抹蛋液，以上火180℃／下火180℃烘烤約15分鐘，稍微烤乾。

〈b〉

米粉麵團（白）糖漿麵團（可可色）分別擀成7mm厚。把可可色麵團放在白麵團上，接著從邊緣開始捲起。

切成大塊。

重複過壓麵機，擀成3mm厚的圓形，每次碾壓時都要轉動方向。

料理盆裏上鋁箔紙，噴油，蓋上步驟9的麵團。

用步驟8剩餘的麵團做成3條繩子，編成辮子。切掉步驟10多餘的麵團後，噴水，並用辮子環繞一圈。以上火170℃／下火170℃烘烤約40分鐘。趁還有熱度時先脫一次模再蓋回去，接著放涼。

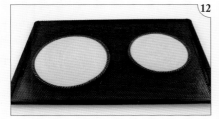

12 米粉麵團（白）擀成1cm厚。壓取1片大圓、2片中圓、1片小圓，總計4片的圓麵團。準備條狀的糖漿麵團（可可色），圍繞住這些圓麵團，再以花樣造型鑷子夾出紋樣。塗抹蛋液，以上火170℃／下火170℃烘烤30分鐘。（也可以改用糖漿麵團）

製作本體支柱。糖漿麵團（可可色）擀成5mm厚，放入圓柱模型，接著再插入圓棒。以上火180℃／下火180℃烘烤80分鐘，放涼後拔出。

比照步驟13，再以糖漿麵團（可可色）製作圓頂上的支柱。

準備跟步驟13一樣的麵團，壓出7片直徑8cm左右的圓片，周圍黏上麵團繩。塗抹蛋液，以上火170℃／下火170℃烘烤20分鐘（支撐用組裝件）。

［組裝作業］

在步驟12［製作組裝物］的大圓上，用熱融膠黏放步驟15的3片支撐用組裝件，接著再擺上1片中圓。

在中間豎立起本體支柱。

剩餘4片支撐用組裝件全部對半切開。

貼附在4支側柱底部兩邊，作為支撐。

把步驟4的支撐物均勻配置在大圓的4個位置，加以固定。

在本體支柱上黏1片中圓，擺上P.100步驟11的圓頂，上面再擺放小圓。

在圓頂上豎立支柱，放置星星裝飾物。

古早可見的整束麥穗店內裝飾

雖然年代已久，但過去前往巴黎研修時，曾在Gana麵包店的展示
櫥窗看到這樣的作品，在此嘗試製作重現。

準備內容

● 材料

糖漿麵團（白）	適量
發酵麵團	適量
D糖漿麵團（白）	適量
D糖漿麵團（黃）	適量
蛋	適量

● 作業用

剪刀、花瓣壓模、料理筷、切派器、水、毛刷、鋁箔紙、
塑膠袋

1

將P.17發酵麵團揉成大小圓形，靠在一起。再另外準備擀薄的麵團，將大小麵團球包覆起來，整型成一體，放置發酵。接著搓出透氣孔，放入220℃蒸氣烤箱烘烤30分鐘左右。（最後還會再烤一次，所以這裡先不用烤太熟）。

2

參考P.41的麥子「B」製作。這裡取20g左右的麵團，麥稈要盡可能搓細，麥穗尺寸同樣不能太大。立起剪刀，剪出造型。

3

從最下方開始擺放外圍的麥穗。這裡的麥稈不用太長。

4

第2排接著擺放麥稈拉長的麥穗。

5

重疊擺放麥穗，同時要蓋住縫隙，營造出十足份量。用切派器切幾條擀薄的麵團，做成幾片麥葉。大小不要太過一致，看起來才會自然，且更有溫度。

6

用剪刀把麥稈末端剪齊。

7

準備4～5條20cm的細麵團，一起搓捲起來，需要製作2組。

8

把步驟7的2組麵團繩於中間稍作打結。另一頭則是漂亮地延伸至麵包下方。在麥穗上塗抹蛋液，以190℃烤箱烘烤至少45分鐘（會先從外側開始變色，可以搭配使用鋁箔紙加以調整）。

9

D糖漿麵團（白）擀成2mm厚，壓出花瓣形狀（5片花瓣×3組）。將5片花瓣稍微錯位疊放，中間用黃麵團做出花蕊。放入120℃烤箱烘乾，黏在麥穗上。

水桶造型麵包籃

準備內容

● **材料**

糖漿麵團（白）……………………………………………適量

蛋……………………………………………………………適量

裝飾用迷你麵包 ……………………………… 參照P.55、56

● **作業用**

水、刀子、直角模、戚風蛋糕烤模（亦可使用大圓形空罐，本次使用的直徑為24cm）、熱融膠、脫模油

［製作組裝物］
〈1.製作鹿〉

將D糖漿麵團擀成5mm厚，蓋在鹿頭與頸部的立體模型（分成2塊）上。剛開始要切大塊一些，並以160℃烘烤2～3分鐘。取出後，再次沿著模型切下。

將2塊模型合在一起，後續還需會插入鹿頭的頸部和鹿爸爸的角，所以要先打洞備用。

再次進160℃烤箱烘烤30～40分鐘。

從模型取下一半的頭部跟軀體，並用搓成條狀的D糖漿麵團接合成一體。滲出的麵團則是用刀子仔細刮除。

將2mm厚的D糖漿麵團做成帶狀。沾水黏在接合面，讓該處更平滑。

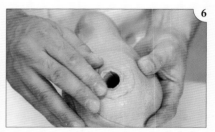

為了補強步驟2的孔洞，要使用相同麵團製作圓柱（補強配件B），以160℃烘烤20～30分鐘後，插入孔洞中，再以步驟5的麵團黏合。這時要記得一起烘烤固定鹿頸的補強配件A備用。

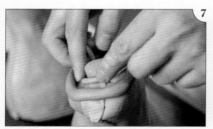

將步驟6的A配件插入鹿頸，並以步驟5的麵團黏合。

插入鹿頭，製作出整體雛形。放入130℃旋風烤箱烘烤10分鐘，取出放涼後，以相同條件再烘烤一次。

將D糖漿α化麵團※（褐色）擀成2mm厚，包覆住整顆鹿頭。
※D糖漿加熱沸騰後再加入粉中製成的麵團。就算擀很薄也不容易斷裂，相當方便使用。

要將接合處多餘的麵團仔細地用剪刀剪掉，讓接合處看起來更滑。將整顆鹿頭噴水霧，用手抹平凹凸不平表面的同時，也能讓麵團變得有亮澤。

將米粉麵團擀成2mm厚，切割出眼睛和鼻尖的輪廓，沾水黏上鹿頭。鹿頸前方的造型也是使用同款麵團製作。

D糖漿麵團（黑）擀成2mm厚，做出眼睛和鼻子，沾水黏合。眼瞼則是以擀成2mm厚的D糖漿麵團來製作。放入130℃旋風烤箱烘烤10～12分鐘，重複此步驟2～3次。接著再用噴筆加工成焦褐色。

D糖漿麵團（黑）擀成12mm厚，沿著鹿角的模型紙切下。扭轉麵團條，賦予鹿角表情及張力。

將扭轉好的麵團擺在鋁箔紙加以固定，放入160℃烤箱烘烤40分鐘。

鹿耳則是將D糖漿麵團擀成6mm厚，接著切成耳朵形狀。像照片一樣配色，接著把麵團擺上有弧度的打洞烤盤，以160℃烤箱烘烤約20分鐘。

將2個半片軀體烤好，加以黏合，到D糖漿α化麵團包覆住整顆鹿頭的步驟都與鹿爸媽一樣。為了避免變形，將磅蛋糕模型鋪放silpat矽膠烤墊，擺入小鹿，以160℃旋風烤箱烤約10分鐘，重複1次上述的烘烤作業。用跟步驟12一樣的麵團，做出小鹿才有的表情。

米粉麵團擀成2mm厚，用圓形模壓取麵團，黏在身體上，做出小鹿才有的模樣。磅蛋糕模型鋪放silpat矽膠烤墊，擺入小鹿，以160℃烤箱烘烤約12分鐘。

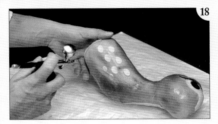

比照步驟12，也是用噴筆加工成焦褐色。小鹿鹿腳則是另外準備麵團塑形，並用黑麵團捲繞末端1cm處，參照步驟16進爐烘烤，再以噴筆調整顏色。鹿嘴則是用米粉麵團做出立體的嘴巴，同樣進爐烘烤。

〈 2.製作裝飾物 〉

將米粉麵團與D糖漿麵團（黑）分別擀成1mm厚，以蝴蝶模型壓取麵團。放入160℃烤箱烘乾8分鐘，擺在有弧度的物品內側放涼。還要用D糖漿麵團另外製作蝴蝶軀體，烘烤備用。

D糖漿麵團擀成2mm厚，用葉子模型壓取麵團（a）。進160℃烤箱烘烤15分鐘，將麵團擺在烤盤邊緣放涼，讓葉子麵團可以變得有彎度。接著以噴筆上色。

D糖漿麵團（黃）擀成2mm厚，用葉子模型壓取麵團（b）。進160℃烤箱烘烤14分鐘，放在有弧度的物品內側放涼。同樣以噴筆上色。

D糖漿麵團（白）擀成1mm厚，用花瓣模型壓取麵團，以咖啡糖漿畫出點點添加模樣。接著放在立體模型上，進160℃烤箱烘乾10分鐘。D糖漿麵團（紅椒）也是以相同步驟處理。

D糖漿麵團（紅椒）和米粉麵團擀薄，一片片堆疊後，垂直切條，再擀成1mm厚。放入160℃烤箱烘乾8分鐘左右。

從烤箱取出，趁麵團還很軟（溫熱）的時候扭出彎曲造型。

〈 3.製作底座 〉

製作最底層鋪放用的底座。D糖漿麵團擀成16mm厚，壓成圓形。接下來要挖空的部分割畫出痕跡就好，先不用挖掉麵團。放入160℃烤箱烘烤80分鐘。

黑色底座（大小共計4片）則是將D糖漿麵團（黑）擀成10mm厚，沿著模型紙切出形狀，並以160℃烤箱烘烤40分鐘。

其他則是將D糖漿麵團擀成16mm厚，使用圓形模型紙，切取要用來將弓形底座往上堆的圓形麵團，放入160℃烤箱烘烤80分鐘。

〈 4.製作支柱 〉

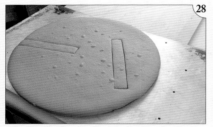

步驟25烤好的麵團放涼後，就能切掉中間的部分。

D糖漿麵團擀成12mm厚，沿著模型紙，裁切出大小各2片的麵團。以160℃烘烤60分鐘。

將大小各2片烤好的麵團分別用水跟同配方的2mm厚D糖漿麵團黏合，並沿著輪廓切下（增加厚度）。

〈 5.製作圓木 〉

製作法國麵包麵團。除了既有顏色外，還要準備添加黑可可粉，2款深淺不同，總計3種顏色的麵團。捏成細長狀，進行最終發酵，黏在步驟30上，並以230℃烤箱烘烤30分鐘。

準備2種顏色的法國麵包麵團。分切後，靜置發酵1小時，將2色分別擀成長方形，重疊並捲成條狀。要準備粗條與細條2種。

粗條麵團要卷上另外準備的細麵團條，追加發酵1小時。

粗細麵團都要塗上虎皮裂紋抹醬，放入230℃烤箱蒸氣烘烤。粗麵團烤60分，中麵團約45～50分鐘、細麵團則是35分鐘左右。

表面看起來會更像樹幹。

切成自己想要的長度，做成圓木。

［組 裝 作 業］

1

將步驟31的大小組裝物各自靠背黏合，將大小2組立體樹幹插入步驟28底座挖洞處，作為支柱。將步驟27疊放用的圓形麵團切半，黏在樹幹底部，加強支撐力。

2

再將3個圓麵團疊放，並配置在底座6處增加高度。於圓麵團上疊放步驟26烤好的黑麵團底座，先取大塊的黑麵團，並從左右橫向嵌合在一起。

3

將步驟27烤好的弓形麵團錯位疊放。接著再取步驟26烤好的小塊黑麵團，並黏在上方。

4

把鹿爸媽黏在支柱上。

5

鹿爸爸周圍黏上步驟21的葉子（b）。

6

交疊步驟22烤好的花瓣，插入花蕊並加以固定。白花瓣跟紅椒花瓣作法都一樣。

7

在鹿媽媽周圍擺上2種顏色的花朵裝飾，並黏上步驟20的（a）葉子。將原木黏合固定於樹幹周圍。

8

把小鹿的鹿腳黏合，靠放在原木上並加以固定。

9

黏上小鹿、鹿爸媽的耳朵。

10

把鹿角插入鹿爸爸頭上，黏合固定。

11

將步驟24扭轉出造型的緞帶裝飾於四周。

12

在鹿爸媽和鹿爸爸的鹿角黏上身體跟翅膀組裝好的蝴蝶後，即大功告成。

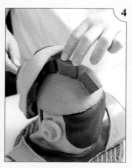

順急流而下的一瞬間

獨木舟競技的曲道項目，展現出選手在急流中掌舵那一瞬間的表情。

● 使用麵團
　米粉麵團
　D糖漿麵團（黃）　　　　　D糖漿麵團（褐）
　D糖漿麵團（黑）　　　　　D糖漿麵團（焦褐）

● 構成要件
　底座　　　　　　　　　　安全帽與其配件
　脖子與肩膀　　　　　　　補強用立體零件
　臉部
　頭部

1

製作想要的立體作品打底模型，並用鋁箔紙包裹。接著裹上擀成薄片的麵團，放入烤箱做第一次烘烤。

2

身體部分再覆蓋上一片麵團，增進寫實感。把臉部的眼睛、嘴巴部位挖洞，在想要看起來更隆起的位置黏上麵團，做出肌肉。

3

將黏上肌肉的臉部再覆蓋上一張麵團，切掉邊緣多餘的部分。黏上眼睛、嘴巴（牙齒）、眉毛等細節，再次進爐烘烤一次。

4 在身體疊上有顏色的麵團，做出衣服造型，再分別用不同顏色的麵團做出頭髮、耳朵等部位。接著在頭頂擺上補強用零件，再蓋上安全帽，看起來會更立體。

5 黏上比賽安全帽的細部配件。

6

依照需求，針對各部位進行塗抹蛋液，烘烤等步驟。

〈 3.組裝花朵 〉 I

糖漿麵團（可可）擀成3mm厚，挖取2個大、2個中、1個小圓。用披薩滾針打透氣孔，以上火170℃／下火170℃烘烤約20分鐘。

大圓上疊放中圓，接著再疊放大圓，用異麥芽酮糖醇固定。

疊上小圓。

最後再疊放中圓。這樣一來就能有2層從旁邊插入組裝件的空間。

上面黏放揉成圓球並烘烤過的糖漿麵團（白）。圓球麵團和中圓麵團間則是插入最短的花瓣，做出最中心的顏色。

第2圈也是使用同色花瓣，固定在前個步驟的中圓。搭配使用冷卻噴霧，加快固定速度。

換成另一個顏色的中等長度花瓣。

黏上第2圈，完成中間的組裝作業。上述的花瓣都是要黏在中圓上。

將南瓜色的花萼插入步驟14的上層縫隙。

白色的花萼則是插入下層縫隙。

● 不同的「花朵」變化 1

改變花瓣顏色組合範例。

● 變化 2

以單色製作的範例。周圍則是黏上糖漿麵團（白）做成的葉子。

〈 4.製作花朵 〉C

將發酵麵團擀成1mm厚，以披薩滾針打出透氣孔，並用模型壓出不同大小的水滴狀。

高筋麵粉與裸麥粉以1:1混合，用濾茶網篩在麵團上做出白色效果。根據大小統一顏色，有助後續的組裝作業。用刀背在麵粉上描繪出葉脈。

要撒罌粟籽（白、黑）或玉米粉（黃）的話，則要先在麵團噴水。將麵團擺在有弧度的烤模上，以上火170℃／下火170℃烘烤15分鐘。

擀開糖漿麵團（白），壓取大圓，烘烤做成底座，接著黏上步驟24的花瓣。

將糖漿麵團（白）揉成圓球烘烤，作為花朵中間的組裝配件。

建議在決定花瓣大小時就先想好要怎麼搭配顏色，將有助加快作業速度。

〈 5.製作花朵 〉D

米粉麵團（白）擀成1mm厚，壓模成花朵形狀。以刀背做出花瓣線條。

米粉麵團（南瓜）做成小圓球。以圓頭棒把小圓球壓進花朵中間。

稍微捏皺鋁箔紙，做出一些凹凸不平的造型，擺上步驟29的花朵，烤箱設定低溫，打開烤門，並將麵團放在烤門前面烘乾。

〈 6.製作翅膀 〉G

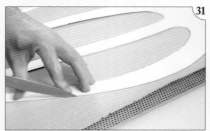

糖漿麵團（白）擀成3mm厚，擺放模型紙，裁切出比模型紙稍大一些的麵團。放入上火170℃／下火170℃烤箱烘烤約20分鐘。烤到7分熟的時候取出，沿著模型紙實際形狀切齊。

最後將烤箱溫度調降成上火150℃／下火150℃，繼續烘烤約10分鐘。放涼後，在內圈邊緣擠上麵糊（白）。接著以相同的擠花麵糊描繪出模樣，將空間填滿。

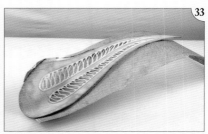

以上火160℃／下火160℃烘烤約15分鐘，擺在曲面模型上。

〈 7.製作腳架 〉E

34

35

在烤好的圓形鄉村麵包畫出切痕，插入做好腳架使其立起。

依照步驟31～33的要領，使用擠花麵糊（黑可可）並加以烘烤，再黏上步驟30製作的花朵。

〈 8.製作弓形 〉B

36

糖漿麵團（可可）和米粉麵團（白）分別擀成2mm厚。蓋上圓形模，以錯位的方式切出弓形。白色米粉麵團的弓形要小一點。

37

在可可糖漿麵團塗抹蛋液。

38

黏上白色麵團。接著再噴水，以上火150℃／下火150℃，開著烤箱門的方式烘乾10分鐘。

39

取出烤箱，黏上白色米粉麵團做成的球。

〈 9.做出鶴的意象 〉A

40

糖漿麵團（黑可可）搓成條狀。單邊要搓出脖子處較細、頭部較大的感覺，賦予麵團粗細變化。

41

從頭部再搓出嘴喙（照片中麵團全長110cm）。

42

烤盤抹油，擺上環狀模，繞出脖子的彎曲弧度。

43

整個噴水，用手搓揉出亮澤感。

44

為了讓下方更穩定，底部黏著處要再補一些麵團，同時加黏輔助組裝件，讓整體更扎實穩固。

45

以上火170℃／下火170℃烘烤約40分鐘，同時烘烤要放在鶴胸部的花台架（圓錐形）。

〈 10.製作補強件 〉

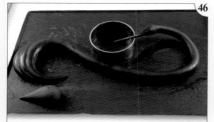

趁還有熱度時，在頭部下方夾入環狀模，讓頸部呈現看起來更生動。繼續放進烤箱40分鐘左右。出爐後，塗抹橄欖油。

含鹽麵團擀成4mm厚，用披薩滾針打出透氣孔，切成長方形和圓形的麵團。以上火170℃／下火170℃烘烤約20分鐘，趁熱把長方形麵團捲成圓筒。

1片長方形需要搭配2個圓形。製作麵團條。在圓桶麵團邊緣塗抹蛋液，放上麵團條，噴水，黏上圓形麵團，另一邊也是比照處理。

［組裝作業］

糖漿麵團（可可）擀成5mm厚，用竹籤在表面刮出紋樣。以上火170℃／下火170℃烤箱烘烤約10分鐘，取出後，切成正確大小。切面則是黏上同配方的葉形麵團，再烤40分鐘。

把步驟48的補強件夾在2片麵團底座之間並固定。

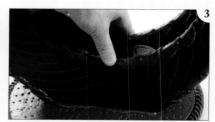

準備跟步驟1同配方的麵團，切取直徑25cm的圓形，打出透氣孔，周圍黏上麵團繩，再以造型鑷子夾出紋樣。塗抹蛋液，以步驟1的條件烘烤，並將2固定在圓形上。

※比賽會要求必須使用可食用的黏著劑，如果是平常製作時，可以改用熱融膠，提高作業效率。

在黏合面沾取異麥芽酮糖醇黏上輔助組裝件。

黏上圓形底座。

再黏上底座。

為了呈現出立體的騰空效果，要再黏上小一圈的底座。

烘烤形狀自由發揮的鄉村麵包，擺在作品底部。

10 黏上花朵。

11 最高處的花朵要黏上用糖漿麵團（白）做成的葉子。

12

最大的花朵則是黏在最下方。

13

烤好的鶴型意象則是固定在步驟8的底座。圓錐形花台架黏在比較下方的位置。

14

把發酵麵團做成的花朵黏在步驟13的圓錐形花台架。

15

讓花朵朝向正面。

16

確認翅膀的黏合位置及角度。

17

把翅膀插入P.126步驟6、7、8製作的底座縫隙間加以組裝。

18

相反側也是以相同方式處理。

19

觀察翅膀左右是否協調，並加以固定。

20

21 把P.125步驟35製作的組裝件固定於作品腳邊。

在作品右下處裝黏2條弓形。

22

接著在作品左上處裝2條弓形，即大功告成。

神戶屋與裝飾藝術麵包的歷史

裝飾藝術麵包發展就此展開

「日本裝飾藝術麵包的歷史始於1994年」我認為這麼說並不為過。我認為在此之前，那麼有趣的裝飾、那麼充滿藝術表現的童心未泯之情只存在於法國或德國麵包店的櫥窗裡。不同於義大利咖啡廳的三明治展示櫃和奧地利蛋糕店的展示櫃，德法麵包店的麵包具備著藝術性。「雖然是麵包卻不能吃，真是太浪費了」。毫無疑問，這是在糧食匱乏時代看不見的消遣文化。在邁入1994年之前，就以日本來說，與裝飾藝術麵包相關的技術與資訊仍僅侷限於個人的興趣研究範疇。

裝飾藝術麵包大致上可分成法國與德國兩種流派。雖然可見動物造型麵包，但這些麵包並無法讓人感受到藝術意涵。

法國流派會在是在麵包表面或平面加上更細緻的麵包，題材主體雖然相當多元，但絕對以麥穗圖像居多。

另一個則是德國流派。此流派會使用薄片、黑色薑餅。製作者會用薑餅切出像樂高積木玩具形狀的組裝件，然後將其組合成小屋、房子或建築物來玩。用糖漿勾勒出邊框，擺上各種糖果、堅果、乾果裝飾，就能打造出聖誕之家。

一般認為，日本的裝飾麵包歷史，始於日本隊第一次在路易樂斯福世界盃麵包大賽的藝術麵包項目中奪冠的1994年。不過，其實要深入探究的話，還要把時間拉回2年前的1992年（平成4年）。

那一年，德國舉辦了全球最大規模的烘焙和製菓設備博覽會「iba」。包括我們公司在內，全球各地的烘焙業者都組成考察團，參展收集資訊並洽談商業合作。會場裡可見一字排開的法國和德國裝飾藝術麵包展示。當時其實還沒有與路易樂斯福世界盃麵包大賽相關的資訊，當然更沒聽說比賽項目包含裝飾藝術麵包。那異常寬闊的展示空間中陳列著大量的裝飾藝術麵包，場面可說極度壯觀。然而，這畢竟是烘焙和製菓設備的展覽會，對藝術感興趣的參觀者不多，看似有些乏人問津。不過，我們公司的考察團中，恰好有位團員對這些陳列出來的裝飾藝術麵包有興趣。「這些資訊或許有一天會在日本派上用場」。於是，他抱著輕鬆的心態，把展廳所有的作品全都拍照記錄下來。也就是說，他帶回了法國流派和德國流派最代表性且最新的裝飾藝術麵包資訊。不過，想當然耳，這些資訊並未納入公司的考察報告中，最後只有沖洗成照片，靜靜地躺在書庫裡。

在那一年後，日本首次參加國際比賽，也就是路易樂斯福世界盃麵包大賽。負責裝飾藝術麵包項目的，是我們公司神戶屋的古川明理。然而，古川對這個比

擺放於神戶屋總公司前的裝飾藝術麵包，每個季節都會更換。

1994年首次參賽路易樂斯福世界盃麵包大賽就獲得分項冠軍的古川明理先生（左）。

1996年參賽的馬場正二先生延續前一年的佳績，也在裝飾藝術麵包分項獲得表揚。

賽項目毫無頭緒，不知道該如何下手。就在此時，他聽到「歐洲裝飾藝術麵包的最新資訊全部有用照片記錄下來」的消息，眼睛瞬間亮了起來。

　　路易樂斯福世界盃麵包大賽，也就是Coupe du Monde de la Boulangerie可說是決定誰是法國麵包職人之冠的賽事。無論是法國流派還是德國流派，很明顯地法國流派是裝飾藝術麵包的主戰場。這雖然已相當顯而易見，但由於此大賽是日本第一次參加的國際比賽，所以沒有人能夠預測各國會如何迎戰。老實說，當時主辦方僅公布了比賽概要，所以大家並沒有充分掌握比賽規則和審查標準。在這一路摸索下，時間來到了1994年。

　　然而，當時大家僅僅是稍微搞懂法國和德國的裝飾藝術麵包是什麼，但不得不說，這些本身都是非常寶貴的資訊。順帶一提，在1992年，把幾乎沒什麼人感興趣的裝飾藝術麵包全部拍照記錄下來的人，正是神戶屋的現任會長桐山。

　　雖然掌握到法國隊和德國隊可能採用的手法，但其他國家會帶來什麼樣的作品仍然未知，日本隊每天就一直處於鬱悶不安的狀態。選手只能用會場提供的材料，當場烘焙做出麵包，甚至規定成品不可以是蛋糕。其實，當時的比賽規定仍處於逐步完善的階段。日本隊就在這樣的情況下迎來比賽之日。法國、德國、歐洲各國以及美國隊交出的裝飾藝術麵包作品幾乎都在預料之中。既然是法國麵包大賽，再加上比

賽規定限制，德國流派要在此賽事有所發揮是稍顯困難。

　　在比賽中，日本隊的作品可是令所有評審委員驚嘆不已。該筆直的地方相當筆直，該圓的地方夠圓，稜角分明，該薄的地方、該厚的地方各展現出應有的薄厚。這些呈現雖然能用黏土輕易達成，但對於必須經過發酵、烘烤定型的麵包來說，可是極為困難。然而，古川像魔術師一樣，自由自在地操控著麵團，稱其為「麵團魔術師」一點也不為過。

　　日本的裝飾藝術麵包歷史發展，正是從1994年的這件作品開始。爾後兩屆路易樂斯福世界盃麵包大賽的裝飾藝術麵包項目皆由日本隊獨佔冠軍，我們公司也一直派出代表參加。裝飾藝術麵包就此成了日本的拿手絕技，不過，自從1999年起，該項目便不再設立獎項。

　　古川明理在1994年之後仍持續探索裝飾藝術麵包的熱情，並耗費十年的時間，把心血集結成實際的形體。2004年，他為慶祝某間店開幕所製作展示的作品，猶如世足賽的獎盃。最引人注目的莫過於底座上的龐大地球，看起來就像是一個正在飄浮的球形裝置，完全超越了人們對麵包的認知。一般來說，既有的裝飾藝術麵包即使凹凸不平或帶有弧度曲線，基本上還是受限於平面次元，有正面有反面。不過，古川交出的作品無論從哪個角度看都是立體的，是真正的3D之作。他用麵包做出一個空心球體，並將它放置在高聳的底座上。只要是麵包師傅都會深刻了解到，

1999年出賽的中山透先生。這一年雖然開始取消單項表揚，但日本隊還是在整體排名獲得第3名的成績。

2002年，渡邊明生先生參與其中的日本代表隊拿下世界冠軍。

這樣的作品必須克服地心引力，其技術難度和挑戰不言而喻。

2002年的作品《櫻花樹》亦可見3D元素，但當時仍受正面、反面所侷限。直到這次飄浮空中的球形裝置，古川才算是真正將3D設計構想具體化。所謂3D，就是無論從前後、左右或其他任何角度都能觀賞作品，當然作品還是有上下之分。

古川的這個思維更成了公司內部的基本理念，並隨著時間推移更加精實。古川的徒弟畑仲繼承了他的理念，在2012年的世界盃麵包大賽上，透過作品《鶴》，將其思維具象化。

我們雖然不知道這是否會成為日本裝飾藝術麵包的典範，但毫無疑問地，此作品對既有的平面裝飾藝術麵包已形成深鉅影響。

日本裝飾藝術麵包的原型

說到這裡必須提及一位重要人物，那就是在巴黎第一線經營麵包店的Bernard Ganachaud先生。Ganachaud先生自1984年開始與神戶屋展開長達約十年的技術合作，期間除了指導我們正宗的法國麵包製作技術外，也會露一手他自己店裡擺放的裝飾藝術麵包作品。

「麥穗是這樣製作的……」。

對於當時的日本來說，或許沒有多餘心力去吸收這些技術，但古川並未錯過這個學習法國實力派麵包師傅Ganachaud先生展露裝飾藝術麵包基本技術的瞬間。

上／與來日指導法國麵包製作的Bernard Ganachaud先生合影。
下／Ganachaud先生任職麵包店時，裝飾於店內的麥子造型藝術麵包。

2008年出賽的山崎彰德先生。從這時開始，裝飾藝術麵包的發展
方向出現及大變化。

2012年，仲尉夫先生製作了以展開大翅膀的鳥兒為主題的作品，
讓日本代表隊二度榮獲冠軍殊榮。

若要說這些法國流派的正統基礎以及世界盃麵包大賽上的成績，就是當前日本裝飾藝術麵包的原型可是一點也不為過。

人才培育與裝飾藝術麵包

神戶屋及神戶屋餐廳的裝飾藝術麵包人才培育，無疑是深受古川明理的培育方針與理念的影響。更準確地說，應該是完全體現了古川明理的育才及人格養成術。

致力成為團隊代表的技術者不僅需要精湛的技術，更需要具備身為社會一員的完善人格。若缺乏這樣的素養，將無法獲得來自周遭的支持與協助。此外，每

提供給參加世界盃麵包大賽選手的廚師服，胸口的胸章會讓人充滿驕傲。

個人的年齡、成長過程、際遇不同，能參加團隊代表選拔賽的機會其實相當有限。若能日積月累地努力精進，或許仍有機會抓住這難得降臨的機會。公司成員們在面對這千載難逢的好機會，當然也展現出各自的獨特風格。每個人的差異在裝飾藝術麵包作品中表現得淋漓盡致，作品呈現出截然不同的樣貌，而充分利用此優勢更顯重要。

神戶屋的基本教育核心，是讓每位技術者的優勢、擅長項目及以及想做的事情發揮到極致。畢竟在世界級比賽中，如果只是半吊子的水準可無法獲勝。所以必須不斷提高、突破極限，否則是站不上國際賽事。即便是再怎麼擅長、想做的事情，也是必須要自我磨練到極限，達到其他人無法追隨的境界，想要達到此境界，可是必須經過非比尋常的試煉。

古川對年輕技術者們提出了這樣的要求。令人欽佩的是，這些年輕員工們也都能夠緊跟著他的步伐。即使從旁觀者的角度來看，也能感受到古川對員工們的嚴苛。

古川明理的作品，可以從他如同魔術師般操控麵團的技術說起。後任某位團隊代表的作品將手工的靈巧發揮到極致，而另一位代表的作品則是極度追求曲線的美感。其後的幾位代表有時以動感取勝，有時則以細緻度和西點具備的精緻、華麗為強項。職人們將這些技術推向極致高峰，展現在作品中，使得過去的每一件作品都顯得格外具有個性。其個性鮮明到說不定只要瞥一眼作品，就能知道作品出自哪位師傅之手。

2012年，日本代表隊在第8屆世界大賽中二度奪得優勝，拿下世界第一的殊榮。高舉冠軍獎盃的日本代表隊接受來自世界各國選手的祝福。

無添加政策打造出的修煉之地

就在歐洲指出溴酸鉀具致癌性之後，神戶屋也決定在1980年停止使用這款對麵包師來說宛如魔法般的添加劑（在當年厚生勞働省的指導下，業界從1992年才開始停用溴酸鉀。但後來到了2004年，部分製麵包公司又重啟添加直至今日）。自創立以來，神戶的直營店（現在的神戶屋餐廳和神戶屋廚房）就是以追求無人工添加劑的產品為目標，甚至在1994年也開始對批發商品推行「無酵母食品添加物・無乳化劑」的政策。

這裡推動的無添加政策，也進一步為神戶屋培養世界盃麵包大賽的參賽代表打好基礎。

世界盃麵包大賽當然是以不使用添加劑的前提下競爭麵包製作技術的高低。一旦使用添加劑，只需測量並掌控好時間，就能做出水準還不錯的麵包。不過，神戶屋的製作過程講究無添加，所以必須仔細觀察麵團每個階段的狀態，結合五感來判斷。「將真正的美味傳承給後代」，這樣的風氣能培育出技術者的敏銳目光。與總公司負責試做的開發團隊相比，門市店員判斷麵團狀態好壞的次數絕對遠超出前者。這些觀察麵團狀態機會的多寡，亦成了世界盃麵包大賽等級選手的修煉之地。

其實，日本代表隊多數的成員幾乎來自門市現場，而非開發部門。在門市製作麵包的機會，成了他們提高鑑別力的機會，猶如每天訓練，都是為了「那一刻」的來臨做準備。儘管也有員工把這當成日常工作業務，但對那群立志成為麵包大賽參賽代表的員工來說，門市現場無疑是絕佳的修煉場所。

製作裝飾藝術麵包的感性，即是麵包製作的基本功

這一無添加政策的推進，成為了培養烘焙世界杯代表的基礎。烘焙世界杯上，當然是以無添加劑來競爭麵包製作技術的高低。若使用添加劑，只需控制好時間並嚴格遵循，就能製作出不錯的麵包。但在神戶屋，製作過程是無添加的。每個步驟都必須細緻地觀察麵團狀態，依靠五感來判斷和製作。「將真正的美味傳承給後世」，這樣的風土培育了技術者的敏銳目光。在判斷麵團狀況的次數上，門店的員工遠遠超過總公司的研發部門。這種多次觀察麵團狀況的機會，成為了培育烘焙世界杯級別選手的修煉之地。

事實上，日本代表多數來自於門店，而非研發部門。門店的生產機會，正是他們鍛鍊眼力，為「那一刻」做準備的每日訓練。儘管也有員工將這當作日常工作的任務，但對那些立志成為烘焙世界杯代表的員工來說，門店無疑是絕佳的修煉場所。

製作裝飾麵包的感性，
是麵包製作的基本功。

「裝飾藝術麵包還在持續發展。世界比賽的評分基準每次都有很顯著的變化，更何況日本開始接觸裝飾

為了紀念東京車站的購物大樓「丸之內OAZO」1週年的展示作品（2005年）。

左邊照片放大。為了裝飾入口的粗柱，製作了非常多非常多直立的長條裝飾藝術麵包，環繞黏貼組裝，著重於如何呈現出立體感。

藝術麵包的時間也才30年左右。日本的裝飾藝術麵包沒有像法國麵包在日本發展的悠久歷史，就以麵團來說好了，其實至今還未能確立一個可稱為範本的標準」。

這段話，是出自已製作數百件作品的古川之口。

由於日本沒有專攻裝飾藝術麵包領域的教導者，店家也還不知道該如何利用裝飾藝術麵包來提高營收，因此綜觀整個日本，對於這塊範疇的技術、經驗和理解仍然不夠成熟。即便如此，裝飾藝術麵包還是逐漸成為一間店品質和技術能力的指標，正如現在神戶屋餐廳證明展現給各位所見，能賦予觀看者樂趣，甚至讓人們慢慢認識到造物及製作麵包是門藝術。

古川是這麼說的。

「製作裝飾藝術麵包的感性，也是製作麵包的基本。而技術每天都在進步。如果要與世界競爭，那麼日本就必須更加提升技術」。

即便僅30年的時間，「裝飾藝術麵包的神戶屋」已經培養出了許多在此領域具被指導能力的人才。回首這一路，大家或許會聚焦在路易樂斯福世界盃麵包大賽這光鮮亮麗的國際舞台，但技術者們的舞台絕不僅僅局限於此。他們集結了技術與毅力的作品不僅曾突然出現在大型購物中心的入口處，令人驚艷到屏息，也曾出現在電視劇中某個令人印象深刻的場景，

溫暖著觀眾的心靈。亦或者為親友聚會增添情感，甚至是想轉達心意給某個特別的人，技術者們就是這樣不斷地創作著作品。

製作裝飾藝術麵包的技術，享受裝飾藝術麵包的感性。

神戶屋及神戶屋餐廳希望能讓裝飾藝術麵包的文化能在日本扎根。為此，我們才會在日本各地展示裝飾藝術麵包，讓更多人了解到其中的樂趣。

然而，我們有一個堅持的信念。

那就是神戶屋的裝飾藝術麵包並非只能看。對於我們公司來說，無論是製作裝飾藝術麵包的技術者，還是所有與麵包製作相關的員工們，創業者都一直告誡著我們必須思考「為什麼要做麵包？」。我們做麵包，是希望能從顧客口中聽到「這個麵包真好吃」、「這家店好棒」、「有這家公司真好」。

因此，不論何時，無論我們獲得什麼獎項，無論媒體如何喧囂，我們都不能忘記這個初衷及現有的姿態。這也是神戶屋不變的箴言。

從創業到今天，這份心意從未改變。只要神戶屋繼續製作麵包，就不會忘記這股製作麵包的心意。

2004年，古川明理結合3D立體空間與遠近法製作的作品。公司以食為文化的企業風氣衍生出內部研究裝飾藝術麵包的基礎。

[本書藝術麵包的製作者]

古川 明理 ふるかわ あきとも
1994 年代表日本首次出賽世界盃麵包大賽便一舉奪下藝術麵包項目冠軍，其後更成為藝術麵包範疇的第一把交椅，持續指導後進。

西田 克年 にしだ かつとし
2005 年在法國接受了最道地的麵包製作技術（Boulangerie）研修，其後進入神戶屋餐廳，負責最正宗的吐司產品開發。

中山 透 なかやま とおる
1999 年大賽，藝術麵包項目的日本代表隊成員。製作麵包的品味以及細膩度備受肯定，進而獲選為代表。

知念 裕之 ちねん ひろゆき
2016 年大賽的日本代表隊成員。主要負責店面業務，技術磨練多年，真誠的姿態獲得認可，終得以站上世界大賽。

山﨑 彰德 やまさき あきよし
2008 年大賽，藝術麵包項目的日本代表隊成員。能透過整體角度展現藝術麵包的精神甚至是技術，且致力培育後輩。

津田 宜季 つだ よしき
2020 年維也納麵包項目（Viennoiserie）的日本代表隊成員。善於發揮團隊優勢，獲得綜合比賽的亞軍。

畑仲 尉夫 はたなか やすお
2012 年大賽的藝術麵包項目日本代表隊成員。與長田一起出賽並奪下世界冠軍。

梅谷 誠吾 うめたに せいご
2024 年大賽，藝術麵包項目的日本代表隊成員。每天在門市與商品相處的同時，目標奪下世界第一。

長田 有起 ながた ゆうき
2012 年大賽的法棍及特殊麵包項目日本代表隊成員。與畑中一起出賽並奪下世界冠軍。

角田 進一 つのだ しんいち
透過不斷開發精進自我技術，在 Coupe du Monde 世界盃大賽日本代表選拔決賽連續 2 次獲選。

TITLE

藝術麵包極致技法集

STAFF

出版	瑞昇文化事業股份有限公司
作者	神戶屋
譯者	蔡婷朱
創辦人／董事長	駱東墻
CEO／行銷	陳冠偉
總編輯	郭湘齡
文字編輯	張聿雯 徐承義
美術編輯	李芸安
國際版權	駱念德 張聿雯
排版	二次方數位設計 翁慧玲
製版	印研科技有限公司
印刷	龍岡數位文化股份有限公司
法律顧問	立勤國際法律事務所 黃沛聲律師
戶名	瑞昇文化事業股份有限公司
劃撥帳號	19598343
地址	新北市中和區景平路464巷2弄1-4號
電話	(02)2945-3191
傳真	(02)2945-3190
網址	www.rising-books.com.tw
Mail	deepblue@rising-books.com.tw
港澳總經銷	泛華發行代理有限公司
初版日期	2024年11月
定價	NT$600/HK$188

ORIGINAL JAPANESE EDITION STAFF

企画・制作	有限会社たまご社
編集	松成容子
編集協力	廣渡 淳
撮影	菅原史子
	後藤弘行
デザイン	吉野晶子（Fast design office）
	佐藤暢美（株式会社ツー・ファイブ）

●参考文献
『パンの原点 —発酵と種—』（日清製粉株式会社）
『編みパンの製法』（社団法人日本パン技術研究所）

國家圖書館出版品預行編目資料

藝術麵包極致技法集 : 老字號麵包店「神戶屋」經典&創意麵團不私藏 = La technique du pain décoratif / 神戶屋作 ; 蔡婷朱譯. -- 初版. -- 新北市 : 瑞昇文化事業股份有限公司, 2024.11
136面 ; 21X29.7公分
ISBN 978-986-401-783-6(平裝)
1.CST: 點心食譜 2.CST: 麵包

427.16　　　　　113015819